50 GEOLOGISCHE HIGHLIGHTS DER EIFEL

Sven von Loga

IMPRESSUM

Sven von Loga
50 Geologische Highlights der Eifel

2. Auflage 2026

Ein Imprint der Kraterleuchten GmbH,
Gartenstraße 3, 54550 Daun
Verlagsleitung: Sven Nieder

Bei Fragen zur Produktsicherheit wenden Sie sich an:
gpsr@kraterleuchten.com

Lektorat: Dr. Carola Heneweer
Korrektorat: Dr. Tim Becker
Layout und Gestaltung: Björn Pollmeyer
Fotos: Sven von Loga, Ralf Pingel (Kap. 2, gr. Foto; Kap. 3; Titel),
Josef Gaspers (Kap. 4), Lieselotte Hackenbroich (Kap. 36, u. r.)

Diese Karten wurde von Inkatlas.com erstellt.
Copyright OpenStreetMap contributors (openstreetmap.org), Inkatlas.

Hergestellt in der Europäischen Union, Finidr, CZ

FSC www.fsc.org
MIX
Papier aus verantwortungsvollen Quellen
FSC® C014138

ISBN 978-3-98508-060-1
www.eifelbildverlag.de

50 GEOLOGISCHE HIGHLIGHTS DER EIFEL

Sven von Loga

Eifelbildverlag

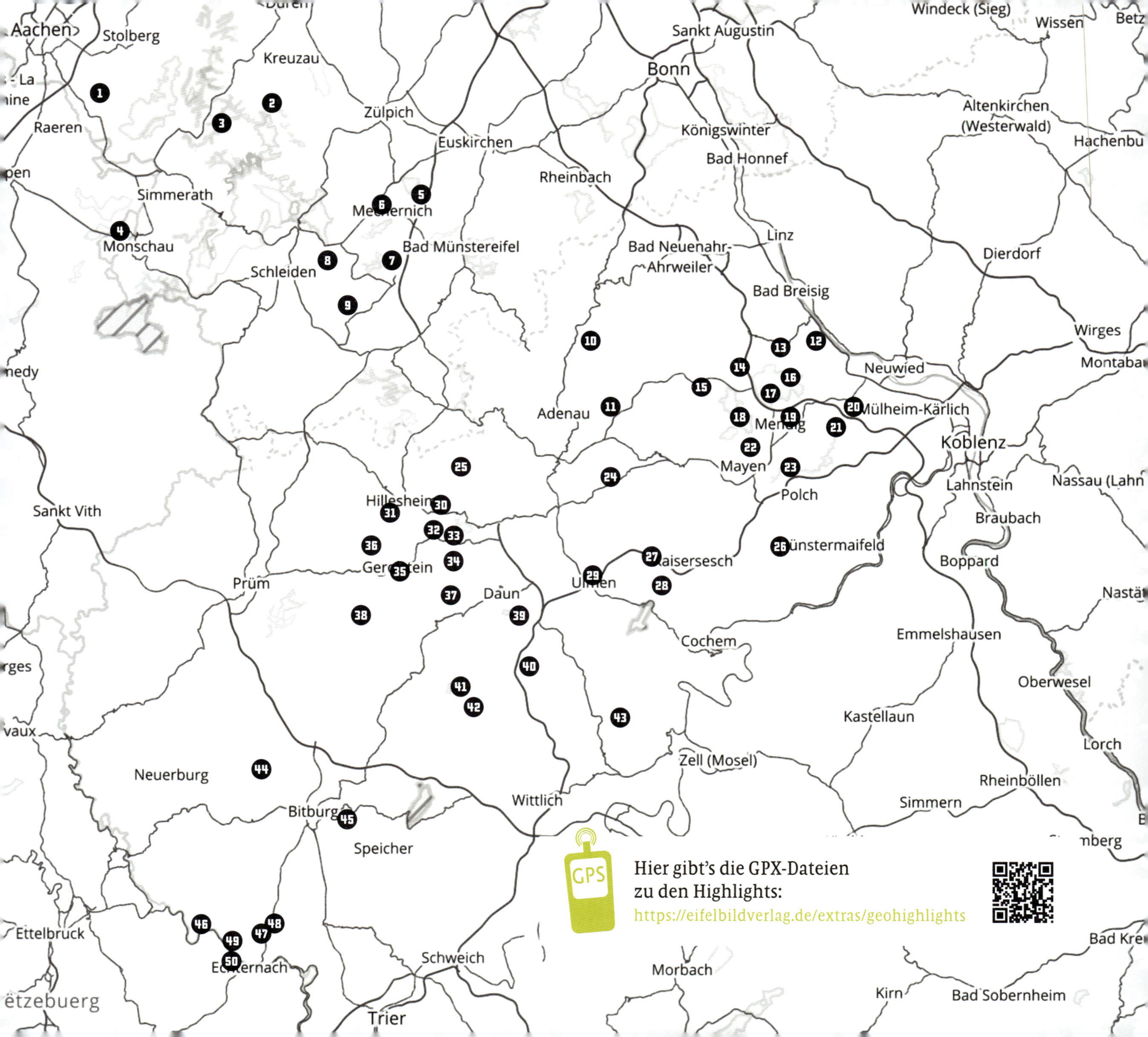

Hier gibt's die GPX-Dateien zu den Highlights:
https://eifelbildverlag.de/extras/geohighlights

INHALT

ZU DIESEM BUCH

Geologie ist spannend, und die Erdgeschichte der Eifel lernen wir am besten an ausgesuchten, besonders interessanten Punkten kennen. Ich bin deshalb kreuz und quer durch die Eifel gewandert und gefahren und haben Orte besucht, an denen die Erdgeschichte der Eifel einerseits außergewöhnlich gut erkennbar und erlebbar ist, die aber auch gleichzeitig sehr reizvoll sind. Reizvoll insofern, als dass sie landschaftlich besonders attraktiv und mit einer schönen Wanderung verbunden sind. Dieser Exkursionsführer ist deshalb ebenfalls ein Wanderführer, auch wenn keine Wanderungen beschrieben sind. Das ist auch nicht mehr notwendig, denn die Wanderwege in der Eifel sind üppig und gut markiert. Der klassische Wanderführer mit Wegbeschreibungen »hinter der Eiche links« hat meiner Ansicht nach ausgedient. Ich habe zu jedem Highlight einen besonders schönen, bestehenden und markierten Wanderweg ausgewählt, den es sich lohnt zu gehen, zu jedem Highlight wird zudem ein Parkplatz genannt, an dem die Tour am besten startet. Alle Daten sind als gpx-Daten herunterzuladen und mit GPS-Gerät und Smartphone zu nutzen. Ortsangaben im Text finden sich auf Google-Maps und Apple-Karten und sind somit leicht zu finden.

GPS

Hier gibt's die GPX-Dateien zu den Highlights:
https://eifelbildverlag.de/extras/geohighlights

JAHRESZEITEN

Im Sommer, wenn es blüht und herrlich warm ist, ist es wunderbar in der Eifel, an schönen Orten lassen sich gemütliche Pausen machen und selbst die Sonnenuntergänge sind so einladend, dass wir sie gemütlich auf einem Berggipfel verbringen wollen. Aber oft versteckt sich Geologie hinter den Pflanzen, häufig kommen geologische Phänomene in der kalten Jahreszeit viel besser zum Vorschein, wenn keine Blätter an den Bäumen hängen und nicht selten sind Gewässer bei Frost noch erheblich reizvoller als im Sommer. Vor allem Bäche und Wasserfälle werden bei Frost durch die Bildung oft meterlanger Eiszapfen zu wahren Kunstwerken. Deshalb stelle ich in diesem Buch einige besondere Orte auch mit Winterfotos vor und empfehle allen Leser: Gehen Sie auch im Winter in die Eifel, es lohnt sich. Warme Kleidung und eine Thermoskanne heißen Tees machen die Tour zu einem wunderbaren Erlebnis.

GEOLOGISCHER ÜBERBLICK

Vor einigen Milliarden Jahren, eine Weile nach dem Urknall, ballte sich im Weltall kosmischer Staub zusammen. Immer dichter wurde die Materie, der entstehende Klumpen entwickelte Gravitation, ein Bombardement von Meteoriten schlug ein, eine kugelförmige Masse glühender Lava kreiste im All, die Voraussetzungen für Eifler Erzlagerstätten wurden geschaffen. Das daraus einmal die Erde werden sollte, dass auf dieser Erde einmal die Eifel ihren Platz finden würde – das war damals noch nicht abzusehen. Aber der glühende Ball kühlte ab, aus Vulkanen, die es auch damals schon in Hülle und Fülle gab, exhalierten Gase und Wasserdampf, und vor vier Milliarden Jahren bildete sich allmählich die Uratmosphäre. Die Erde war nun so weit abgekühlt, dass fallender Regen nicht mehr sofort wieder verdampfte. Eine feste Kruste hatte sich gebildet, aus der Atmosphäre regnete es, Ozeane bildeten sich. Die Wärme aus dem Erdinnern konnte nicht mehr ins All entweichen, sie fing an, in großen Konvektionsströme unter der Erdkruste zu kreisen, die dadurch zerrissen wurde und in Platten auseinanderbrach. Kontinente waren entstanden und drifteten umher, stießen zusammen, türmten sich zu Gebirgen auf, die zu verwittern begannen. Der Regen spülte die Verwitterungsprodukte in die Meere, es bildeten sich Sedimente.

Ganz alte Sedimente aus dem Präkambrium sind sehr selten auf der Erde und in Deutschland im Erzgebirge und im Bayrischen Wald erhalten. In der Eifel finden wir die ältesten Sedimente im Hohen Venn, direkt an der Grenze zu Belgien. Dort liegen die sogenannten »Eifelwacken« herum, Gesteine kambrischen Alters, wir besuchen einen ganz besonders großen Brocken: Kaiser Karls Bettstatt.

Im Erdzeitalter Devon lag auf der Südhalbkugel der Urkontinent Gondwana, er bestand aus dem heutigen Australien, Afrika, Südamerika, der Antarktis, aus Madagaskar und Indien. Im Norden lag Laurussia, auch als Old-Red-Kontinent bezeichnet, darauf stand ein großes Gebirge, das Kaledonische Gebirge. Das heutige Sibirien, das Baltikum und Skandinavien, Nordamerika und Grönland waren Teile Laurussias. Zwischen Gondwana und Laurussia lag der Urozean Paläotethys.

Der Old-Red-Kontinent verwitterte langsam. Sein rotes und eisenreiches Abtragungsmaterial wurde in das Devonmeer hineingespült und bildete dort im Unterdevon rot-braune Sedimentablagerungen von mehr als 7000 Meter Mächtigkeit. Im Laufe der Erdgeschichte bildeten sich aus diesen Ablagerungen Sandsteine, Siltsteine und Tonsteine. Während im Unterdevon noch große Sedimentmassen vom Old-Red ins Tethysmeer gespült wurden, war das Gebirge auf dem Kontinent im Mitteldevon weitgehend abgetragen, der Sedimenteintrag in die Tethys endete, das Wasser wurde klar und warm. Die Region des heutigen Rheinischen Schiefergebirges und damit auch der Eifel lag im Devon noch 30° südlich des Äquators und driftete erst im Laufe der Erdgeschichte nach Norden. Im tropischwarmen Schelfmeer südlich von Laurussia wurden Kalke abgelagert, große Korallen- und Stromatoporenriffe wuchsen. In diesem Bereich liegen heute Köln und Bonn wie auch die Kalkmuldenzone der Eifel.

Im Erdzeitalter Karbon wurden diese devonischen Meeressedimente durch die Nordwärtsbewegung der Südkontinente zusammengedrückt und zum Rheinischen Schiefergebirge aufgefaltet, dem heutigen Grundgebirge der Eifel. Im Oberkarbon setzte bereits die Abtragung auch dieses Gebirges ein, im Erdzeitalter Perm war dieses Gebirge bereits wieder eingeebnet, nur noch sein Rumpf war vorhanden.

Sedimente aus dem Erdzeitalter Perm wurden in der Eifel nur in sehr geringen und nicht erwähnenswerten Vorkommen in der Nordeifel erhalten Das beginnende Mesozoikum, das Erdmittelalter, ist dahin gegen in der Eifel von großer Bedeutung.

STRATIGRAFISCHE TABELLE

Ärathem/ Ära	System/ Periode	Serie/ Epoche	Anfangszeit (Ma)
Känozoikum	Quartär	Holozän	2,6
		Pleistozän	
	Tertiär: Neogen	Pliozän	23,8
		Miozän	
	Tertiär: Paläogen	Oligozän	65
		Eozän	
		Paläozän	
Mesozoikum	Kreide	Oberkreide	142
		Unterkreide	
	Jura	Malm	200
		Dogger	
		Lias	
	Trias	Keuper	251
		Muschelkalk	
		Buntsandstein	
Paläozoikum	Perm	Zechstein	296
		Rotliegendes	
	Karbon	Oberkarbon	358
		Unterkarbon	
	Devon	Oberdevon	417,5
		Mitteldevon	
		Unterdevon	
	Silur	Pridoli	444
		Ludlow	
		Wenlock	
		Llandovery	
	Ordovizium	Oberordovizium	488
		Mittelordovizium	
		Unterordovizium	
	Kambrium	Oberkambrium	542
		Mittelkambrium	
		Unterkambrium	
		Terreneuvium	
Neoproterozoikum	Ediacarium		1000
	Cryogenium		
	Tonium		

TRIAS

Mit Beginn der Trias hat sich die Situation in der Eifel vollkommen verändert. Die Region der heutigen Eifel ist ein Senkungsgebiet, während die westlich gelegenen Ardennen ein Hochland sind, das langsam verwittert und dessen Verwitterungsprodukte über die Eifel geschüttet werden. »Ein Schuttstrom ergießt sich über die Eifel« lesen wir im Geologielehrbuch, das aber geschah nicht erdrutschartig, sondern im Laufe von Jahrmillionen. Da witterten aus den älteren Gesteinen Quarzite frei, die langsam in das Eifelsenkungsgebiet herunterrutschten, Sand wurden durch Winde über die Eifel geweht oder durch Regenereignisse heruntergespült. Im Erdzeitalter Bundsandstein, in dem auch das rote Gestein Buntsandstein entstand, glich die Eifel wohl einem Gebiet mit Wüstencharakter. Während wir aus dem Devon in der Eifel nur Meeresablagerungen finden, sehen wir, dass die Eifel im Buntsandstein Festland war. Eine Landschaft mit Dünen, aber durchzogen von großen Flusssystemen, die nicht immer Wasser führten. Am Wasser wuchsen Pflanzen, die sich gelegentlich als Fossilien finden. Urige Reptilien und Amphibien krochen entlang, so der kleine Eifelosaurus, den wir in Highlight 31 kennenlernen. In den Sedimenten können wir dünenartige Strukturen finden, die auf Winde zurückzuführen sind, aber auch Schräg- und Kreuzschichtungen von Sedimenten, die sich in Fließgewässern abgelagert haben.

Es sind in der Eifel wenig fossile Lebensspuren aus diesen Sedimenten überliefert, ein einsamer Eifelosaurus – eine 80 bis 100 cm große Schnabelechse/Rhynchosaurier – wanderte herum. Er wurde 1904 im Oberbettinger Buntsandstein-Steinbruch bei Hillesheim gefunden. Er war ein Pflanzenfresser, hatte eine schuppige Haut und bewegte sich in dem für Echsen typischen Kreuzgang. In der Trias entwickelte sich die Artenvielfalt der Reptilien, riesige Ackerschachtelhalme und Palmfarne, sowie Gingko-Bäume und Bärlapp-Gewächse dominierten die Landschaft.

Nach dem Zeitalter des Buntsandsteins, in dem die Eifel Festland war, drang jetzt von Süden her das Muschelkalkmeer vor und lagerte über der heutigen Eifel Tone, Mergel, Kalke und Dolomite ab (Highlight 35). Die Eifel wurde im Muschelkalk von einem Flachmeer bedeckt. Auch im darauffolgenden Keuper war die Eifel Ablagerungsgebiet, Tongesteine aus dieser Zeit finden wir unter den Jurasandsteinen des Ferschweiler Plateaus.

FERSCHWEILER PLATEAU

Das Ferschweiler Plateau liegt wie ein Klotz aus Sandstein in der Landschaft, steil fallen alle Seiten nach unten ab und bieten wilde Schluchten aus Felsgestein, steile Felswände, bizarre Felsformationen. Es wirkt wie ein Inselberg, der sich schroff aus der Landschaft erhebt. Das Plateau an sich ist nahezu eben, landwirtschaftlich genutzt mit einigen hübschen Dörfern. Wir erkunden die Ränder und wandern zu den Schweineställen am westlichen Abfall, durch die Teufelsschlucht am östlichen Rand und besuchen die Irreler Wasserfälle, bzw. das, was noch davon übrig ist. Im Osten wird das Ferschweiler Plateau durch das Prümtal begrenzt, zwischen Holsthum und Irrel hat sich die Prüm bis zu 160 Meter tief in das Plateau des Luxemburger Sandsteins eingeschnitten.

JURA

Gesteine des Jura finden sich in der Eifel nur ganz im Südwesten in der Trierer Bucht. Wir stoßen hier vor allem auf den Luxemburg-Sandstein, der stratigrafisch in den Lias alpha (Hettangien und Unteres Sinemurien) gestellt wird und bei Bollendorf mit bis zu 80 Meter seine größte Mächtigkeit erreicht. Dieser Sandstein bildet das Ferschweiler Plateau und zwei weitere kleinere Plateaus nordwestlich bei Bollendorf und nördlich bei Schankweiler. Unter dieser dicken Sandsteinplatte liegen Juraschichten des untersten Lias, das sind Tone, Mergel und bituminöse Kalke, die weich und rutschig sind und die die aufliegenden Sandsteine schon einmal am Rande abrutschen lassen, was zu imposanten Schluchten und Felsformationen führte.

Oben auf dem Ferschweiler Plateau finden wir fossile Austern der Gattung Gryphea. Dort wurde ein Rest der jüngsten dort vorhandenen Lias-Schichten nicht erodiert, es sind die Arieten-Schichten des Lias alpha 3, die im Süddeutschen Jura vollgepackt mit eben diesen Austern und bis zu einem Meter großen Ammoniten sind. Ammoniten finden sich auf dem Ferschweiler Plateau leider nicht, dafür aber häufig Gryphaeen, die von den Bewohnern dort als »Teufelskrallen« bezeichnet werden – verständlich, ist doch die Teufelsschlucht nah dran.

KREIDEZEIT

Sedimente der Kreidezeit sind in der Eifel nicht zu finden.

TERTIÄR

Im Tertiär beginnt in der Eifel eine lange Phase des Vulkanismus, durch die Folgen dieser Ereignisse wird die Region noch heute geprägt.

EIFELVULKANISMUS

Die Eifel erlebte zwei Phasen des Vulkanismus. Im Tertiär vor 40–30 Millionen Jahren war der Vulkanismus in der Hocheifel aktiv. Keiner dieser tertiären Schlote hat einen Lavastrom geliefert, auch die größten Basaltmassen stellen keine Lavaströme dar, sondern sind Kuppen, die von mehreren Schloten im Untergrund gespeist wurden. Zu den größten Basaltvorkommen der Eifel gehört der Steineberg, der sich über einen halben Kilometer in Nord-Süd-Richtung erstreckt, hier ist Basalt gangartig entlang einer Nord-Süd-Störung aufgedrungen. In der ganzen Eifel sind im Tertiär über 350 Vulkane ausgebrochen, die meisten sind stark abgetragen und ragen nur noch als kleine, mit Gebüsch bestandene Kuppen aus der Landschaft empor. Einige größere Vulkane jedoch prägen das Panorama: Hohe Acht, Nürburg, Hochkelberg, Höchstberg und Aremberg. Der tertiäre Vulkanismus ist nicht auf das Hocheifel-Vulkanfeld beschränkt, auch im quartären Vulkangebiet der Osteifel gibt es einige tertiäre Vulkane (Kahlenberg, Steinbergskopf), ebenso im quartären Westeifeler Vulkanfeld, so das bei Manderscheid gelegene Eckfelder Maar und den Arensberg bei Hillesheim.

Im Hocheifelgebiet ist die Landschaft seit der Vulkantätigkeit deutlich erniedrigt worden, neben der normalen Erdoberfläche sind auch – soweit sie vorhanden waren – Schlackenkegel der Vulkane abgetragen worden. An der Hohen Acht liegt die Landoberfläche nun um mindestens 60 Meter niedriger als zur Zeit der Eruption.

Im Quartär, in den letzten eine Millionen Jahren, wurde der Vulkanismus in der Eifel erneut aktiv, Ursache war diesmal der neu entstandene Eifelplume, aus dem Westeifeler wie Osteifeler Vulkanfeld resultieren. Der Eifelplume ist eine Zone erwärmten Gesteins im Erdmantel mit einem Durchmesser von 100 km unterhalb der Eifler Erdkruste. Die Wurzel des Plumes liegt bei mindestens in 400 km Tiefe und sein oberes Ende bei derzeit etwa 30 km Tiefe. Von dort kommt nachweislich das Magma der Eifel-Vulkane. Die Grenze Erdmantel/Erdkruste liegt unter der Eifel bei 28 km. Der Eifelplume wurde 1998 von der Arbeitsgruppe des Göttinger Geophysikers Joachim Ritter entdeckt.

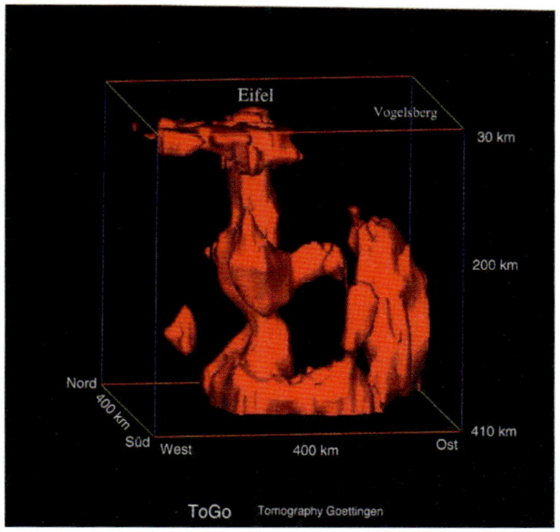

Im Zuge dieser vulkanischen Phase bildeten sich zwei Vulkanfelder, das Westeifler und das Osteifler Vulkanfeld. Das Westeifler Vulkanfeld erstreckt sich zwischen Bad Bertrich im Südosten und Ormont im Nordwesten mit etwa 230 Ausbruchspunkten. Die meisten davon sind basaltische Schlackenkegel, teilweise mit Lavaströmen. Etwa 70 Maare existieren, davon sind derzeit 11 wassergefüllt, weisen also einen Maarsee auf. Der Schwerpunkt des Westeifler Vulkanfeldes liegt zwischen Hillesheim, Dockweiler, Daun und Gerolstein, hier liegt praktisch Vulkan neben Vulkan. Der jüngste Vulkanausbruch in Deutschland schuf vor 11.000 Jahren das Ulmener Maar.

Rund um den Laacher See erstreckt sich das Osteifler Vulkanfeld. Neben zahlreichen kleineren Vulkanen, aus denen Schlackenkegel erwuchsen, brachen hier drei große »Bimsvulkane« aus, die keine Lavaströme ausfließen ließen, sondern in heftigen Eruptionen Aschewolken im Stil des Mount St. Helens in die Luft schleuderten. Es sind dies der Laacher-See-Vulkan vor 13.000 Jahren, der Wehrer Vulkan dreimal vor 200.000–100.000 Jahren und der Riedener Vulkan vor 440.000–390.000 Jahren. Acht größere und mindestens sechs kleinere Eruptionen erlebte der Riedener Vulkan. Die aus seinen vulkanischen Aschen entstandenen Tuffe werden in der Region in zahlreichen Steinbrüchen abgebaut und als Riedener, Weiberner oder Ettringer Tuffstein zum Haus- und Kirchenbau verwendet. Bei Bell wurde der Tuff des Riedener Vulkans als Beller Backofenstein für den Backofenbau abgebaut.

1

ALTE STEINBRÜCHE WALHEIM

MÄCHTIGE KALKSTEINE DES MITTEL- UND OBERDEVON SIND DAS WICHTIGSTE BAUMATERIAL IM RAUM AACHEN, SCHON DIE RÖMER BRACHEN STEINE IM AACHENER BLAUSTEIN.

Blaustein wird der an sich dunkelgraue bis tiefschwarze Kalkstein genannt, dessen große Vorkommen südlich von Aachen lagen und heute abgebaut sind. Die Farbe ist auf einen sehr hohen Anteil an organischem Kohlenstoff zurückzuführen, der aus Resten von Algen, tierischen Einzellern und Bakterien resultiert. Nach längerer Zeit an der Luft aber nimmt er eine hellgrau-bläuliche Farbe an und kann sogar fast gänzlich weiß ausbleichen.

Im tropisch-warmen Flachmeer am Südrand des Old-Red-Kontinents bildeten sich im Mittel- und Oberdevon Kalkriffe und ausgedehnte Bereiche mit Kalkschlämmen, sie reichten von Norddeutschland über den Aachener Raum bis ins heutige England. Wahrscheinlich waren es flämische Steinmetze, die dem Kalkstein den Namen Blaustein gaben. Sie kamen im 17. Jahrhundert nach dem großen Brand nach Aachen, um die Stadt wieder mitaufzubauen. Jedoch brachen bereits die Römer hier Kalksteine als Baumaterial, im Mittelalter wurden Teile des Aachener Doms und der Aachener Kaiserpfalz aus Walheimer Kalkstein erbaut. Während der französischen Besetzung der Rheinlande blühte die Kalkindustrie rund um Walheim auf, zahlreiche Kalköfen entstanden, durch Eisenbahnanschlüsse konnten große Mengen Kalkstein transportiert und gehandelt werden. Heute finden wir in Aachen, Stollberg und umgebenden Ortschaften häufig den Aachener Blaustein als Baumaterial für Gebäude. Auch das Kalkbrennen ist ein Jahrtausende altes Handwerk. Sowohl zur Herstellung von Maurermörtel als Baumaterial als auch für das Tünchen von Fassaden war und ist Branntkalk unentbehrlich. Das 20. Jahrhundert war die Blüte der Kalkbrennerei in Walheim, 1959 wurde sie eingestellt, 1965 wurden die Walheimer Steinbrüche gänzlich geschlossen.

Wir wandern vorbei an den Walheimer Kalkbrennöfen, die vom Heimatverein mit großem Aufwand saniert wurden, besuchen die großen Walheimer Steinbrüche, suchen auf den herumliegenden Kalksteinbrocken nach fossilen Stromatoporen, die entweder als runde Gebilde bis Fußballgröße oder als ästiger Stromatoporenrasen (Gattung Amphipora) zu erkennen sind – wobei: Die Verwitterung hat den Fossilien zugesetzt und sie sind nicht mehr so leicht zu finden. Dafür sind die alten Steinbrüche ein Paradies für Tiere und Pflanzen – besonders im Sommer lohnt sich deshalb der Besuch. Wieder hinaus aus dem Steinbruch überqueren wir über die Brücke den Bach und gehen ein paar hundert Meter bis zum sehr schön restaurierten Kalkofen »In der Au«.

KFZ-NAVI/PARKPLATZ

Schleidener Straße in **Walheim,** Ausschilderung Freizeitgelände Walheim

EMPFOHLENER WANDERWEG

Am Parkplatz an der Infotafel nach links zu den Kalköfen und alten Steinbrüchen. Ausschilderung zu den Kalköfen, weiter zu den Steinbrüchen (vor der Brücke über den Bach links), ein paar hundert Meter geradeaus bis zum Kalkofen »In der Au« auf dem Kalkofenweg.

WEBLINKS

https://buerger-geschichtsverein-hahn-friesenrath.de/Geschichte/Kalkofenweg/

https://industriemuseen-emr.de/de_DE/kalkofen-weg-walheim

2

EUGENIENSTEIN

EIN DRAMATISCHER FELSEN, GENAU WIE DER, AUF DEM EINST DER KÖNIG DER LÖWEN STAND. SO RAGT DER EUGENIENSTEIN HOCH ÜBER DEM RURTAL IN DEN HIMMEL.

In der Nordeifel schneidet sich die Rur tief in die Schichten des Buntsandsteins ein. Insbesondere bei Nideggen ragen die steilen Buntsandsteinklippen spektakulär von der Rur nahezu senkrecht in den Himmel und bieten einmalige Ausblicke über die Rureifel.

Vor 250 Millionen Jahren lag das Gebiet der heutigen Eifel trocken. Das Variszische Gebirge mit seinen devonischen Meeressedimenten, das sich im Unterkarbon aufgefaltet hatte, war schon längst wieder der Verwitterung anheimgefallen. Das Gebiet der heutigen Eifel war eine große Senke, im Westen erhob sich das Ardennenhochland. Dieses Hochland verwitterte unter einem wüstenhaften Klima, der Verwitterungsschutt wurde von Wind und Wetter in die Senke hinabgespült und bildete dort hunderte Meter mächtige, rote Sedimente. Weite Gebiete der Eifel waren einst von diesen roten Sandsteinen und Konglomeraten bedeckt: Nicht nur die südliche Eifel bei Trier besteht aus roten Gesteinen, auch die Gegend um Mechernich ist ebenso rot wie die Umgebung von Gerolstein – natürlich auch die Rureifel im Großraum Nideggen.

Da finden sich dünenhafte Windablagerungen und Sedimente großer Flusssysteme, die Wadi-artig mit gelegentlichen großen Wassermassen in diese Wüstenlandschaft entwässerten und dabei Verwitterungsschutt vom Ardennenhochland mitbrachten. Dieses Erdzeitalter nennen die Geologen die Buntsandstein-Formation, sie bildet den unteren Abschnitt der deutschen Trias. Bei Nideggen finden sich ganz überwiegend Buntsandstein-Konglomerate, das sind bis zu kopfgroße Quarzgerölle in einer roten Matrix. Der Eugenienstein ist der spektakulärste Ort, um diese Sedimentgesteine anzusehen. Neben einem mehr als imposanten Blick auf das Rurtal, das tief unter uns liegt und uns zeigt, was die Erosionskraft fließenden Wassers schaffen kann, betrachten wir hier oben Buntsandsteinkonglomerate, dichte Felsen mit zahllosen weißen Quarzgeröllen, die durch roten Sandstein verfestigt sind.

Vom Parkplatz gibt es zwei Wege dorthin, einen einfachen und einen längeren, schwierigeren, der nur für trittsichere Wanderer geeignet ist. Beide sind ausgeschildert. Der einfachere Weg führt vom Parkplatz im Wald nach rechts, Richtung Kickley und von dort zum Eugenienstein, der anspruchsvollere unterhalb der Felsen über den Felsenpfad, dann steil auf den Eugenienstein hinauf. Hier oben sollte man Pause machen, eine lange Picknickpause, denn solch eine Aussicht ist nicht so oft zu finden.

Tipp: Unbedingt den Sonnenuntergang erleben, der Rückweg über den oberen Weg ist auch in der Dämmerung mit Taschenlampen leicht zu finden (vorsichtshalber den GPS-Track im Smartphone mitnehmen).

KFZ-NAVI/PARKPLATZ

Rather Straße 79, 52385 **Nideggen** (Nideggen nach Norden verlassen in Richtung Rath, am Ortsausgang von Nideggen am Parkplatz am Sportplatz parken.)

EMPFOHLENER WANDERWEG

Buntsandsteinroute: Ein kleines Stück zu Fuß zurück und in die Straße »Unraspfad« einbiegen, dort direkt rechts und auf der Buntsandsteinroute zum Eugenienstein wandern. Die Buntsandsteinroute selbst ist 37 km lang und eher für eine 2-Tages-Tour geeignet. Auf dem Weg passieren wir einige spektakuläre Aussichtsplätze.

WEBLINKS

https://www.rureifel-tourismus.de/wandern/wanderland-rureifel/a-buntsandsteinroute

https://www.eifel.info/wandern/wanderwege/a-buntsandsteinroute

3

TEUFELSLEY

TATSÄCHLICH KÖNNEN SICH KNALLHARTE GESTEINSSCHICHTEN VERBIEGEN UND VERFALTEN – AUCH OHNE TEUFLISCHE EINWIRKUNGEN. DIE BESTE MÖGLICHKEIT, DIES ZU SEHEN, LIEGT IM KALLTAL.

Vor etwa 410 Millionen Jahren lagerten sich im Gebiet der heutige Nordeifel während der Siegen-Stufe des Unterdevons in einem flachen Meer nahezu zehntausend Meter mächtige Ton-, Silt- und Sandschichten ab, die später zu Tonsteinen, Siltsteinen und Sandsteinen verfestigt wurden. Dass das Meer flach war, zeigen Rippelmarken auf einer Schichtoberfläche der Falte. Rippelmarken kennen wir aus dem Wattenmeer der Nordsee, sie sind ein Zeichen für strömendes Wasser und bodenberührenden Wellengang, nur im flachen Wasser gibt es Rippelmarken, nicht im tiefen Meer.

Vor 350 Millionen Jahren im Erdzeitalter Unterkarbon begann die variszische Orogenese (Gebirgsbildung). Die längst verfestigten Sedimente wurden durch plattentektonische Bewegungen in der Erdkruste langsam zusammengeschoben, ein gewaltiges Gebirge erhob sich Millionen Jahre später, etwa 600 km lang und vielleicht bis zu 5000 Metern hoch.

Im Untergrund verbogen und verfalteten sich die Gesteinsschichten. Wer nun eine große oder auch eine kleine Gesteinsplatte nimmt und will sie verfalten, so wie ein Tischtuch, das man von der Seite anschiebt, wird nicht erfolgreich sein. Wer stark genug drücken kann, zerbricht sie bestenfalls. Wie kann es dann mit den sehr viel dickeren Gesteinspaketen funktionieren? Die Falte im Kalltal hat sich nicht hier oben am Rande des Kallbaches verbogen. Sie hat zur Zeit ihrer Verfaltung tiefer in der Erde gelegen, dort, wo Temperatur und Druck höher waren. Erst später stieg das Gebirge auf, und die oberen Erdschichten wurden abgetragen. Wer weiß, vielleicht entstand die Erdfalte im Kallbachtal in tausend oder zweitausend Metern Tiefe? Dort unten waren die Gesteinsschichten aufgrund höherer Temperatur und höheren Drucks weicher und biegsamer. Auch die Zeit spielte eine Rolle, Faltenbildungen erfolgen langsam, Körnchen, Kristalle usw. können in langer Zeit dem Druck nachgeben.

Früher konnten sich die Menschen so etwas nicht vorstellen, nur der Teufel konnte die Kraft haben, solche Gesteinspakete zu verbiegen. Aber die Natur ist noch viel stärker als der Teufel. Verbiegen sich Gesteinsschichten unter tektonischem Druck nach oben, dann nennt man es einen Sattel (Antiklinale), nach unten sprechen wir von einer Mulde (Synklinale). Im Kalltal ist ein solcher Sattel freigelegt, es handelt sich wohl um den besten geologischen Aufschluss der Nordeifel. Eine Tour dorthin lohnt sich, die Wanderung durch das Kalltal ist reizvoll. Die Gesteine des Unterdevons können wir im Bachbett betrachten, hier liegen sie meist in kleinen Stücken verwittert herum. Das machen wir während einer gemütlichen Picknickpause am Bach, sind Kinder mit, ist ein wunderbarer Spielplatz gefunden, ein wichtiger ingenieurgeologischer Arbeitsbereich ist der Staudammbau.

KFZ-NAVI/PARKPLATZ

Pfarrer-Dickmann-Straße 21–23, 52393 **Hürtgenwald-Vossenack**

EMPFOHLENER WANDERWEG

Kalltrail von Vossenack aus, ca. 9 km, Abkürzungsmöglichkeit direkt zur Teufelsley vor der Mestrenger Mühle

WEBLINKS

https://www.steinmann.uni-bonn.de/institut/bereiche/endogene-prozesse/arbeitsgruppen/strukturgeologie/lehre/aufschluesse-im-rheinland/teufelsley
https://www.rureifel-tourismus.de/wandern/wanderland-rureifel/a-Kall-Trail

4

KAISER KARLS BETTSTATT

DAS ÄLTESTE GESTEIN IN DER EIFEL FINDEN WIR IM HOHEN VENN – 500 MILLIONEN JAHRE ALTE QUARZITE AUS DEM ERDZEITALTER KAMBRIUM.

Die ältesten Gesteine der Eifel finden sich im Hohen Venn südöstlich von Aachen. Dort wölben sich im Untergrund die Erdschichten nach oben, die Geologen nennen das eine Sattelstruktur. Durch fortschreitende Verwitterung und Abtragung wird der obere Bereich der Erdkruste abgeschnitten und tiefere Partien kommen zum Vorschein, hier sind es uralte Quarzite des Erdzeitalters Kambrium, der sog. Revin-Gruppe. Quarzite sind Gesteine, die sich bei hohem Druck und hoher Temperatur aus quarzreichen Sedimenten wie Quarzsandstein, Quarzkonglomerat, Radiolarit oder Hornstein bilden. Diese Umwandlung nennen Mineralogen Metamorphose, aus einem bestimmten Gestein bildet sich ein neues Gestein, das meist härter, fester und gleichmäßiger ist. Im Hohen Venn wird das Erdzeitalter Kambrium durch Sandsteine und Quarzite gebildet, wechsellagernd treten dunkle Tonsteine auf. Das sandige Ausgangsmaterial dieser Schichten stammt vom damals südlich gelegenen Gondwana-Festland. An den untermeerischen Abhängen kommen, durch Erdbeben ausgelöst; große Mengen Ton- und Sandkörnchen ins Rutschen und schießen hinab ins tiefe Meer, wo sie gradiert, d.h. nach Korngrößen sortiert, abgelagert werden. Solche dichten Trübeströme nennen die Geologen Turbidite. Später, im Mesozoikum und im Tertiär, lag die Region des heutigen hohen Venns Jahrmillionen als Festland trocken, es herrschte ein tropisches bis subtropisches Klima. Die Tonsteine verwitterten zu einem dichten, tonreichen Boden, die Quarzite hielten der Verwitterung länger stand und bildeten Höhenrücken. Heute noch liegen an vielen Stellen isolierte Gesteinsblöcke auf der Vennhochfläche, die Relikte dieser Höhenrücken darstellen. Sie werden als Vennwacken bezeichnet. Die beeindruckendste Vennwacke ist Kaiser-Karls-Ruhestätte, ein mächtiger Quarzitblock, auf dem sich einst der Kaiser zur Ruhe gelegt haben soll, als er nach einer Jagd am Abend den Weg raus aus dem Venn nicht mehr finden konnte.

Kambrische Sedimente sind in Deutschland selten und das Kambrium des Hohen Venns ist auch noch landschaftlich sehr dekorativ. Die großen Quarzblöcke inmitten einer Moorlandschaft sind ein schönes Beispiel für junge eiszeitliche Landschaften, die durch uralte Gesteine verziert werden. Auch wenn die mögliche Ruhestätte des Kaisers den beeindruckendsten Block kambrischen Quarzits darstellt, so stoßen wir auf einer Wanderung durch die Vennlandschaft auf viele solcher uralten Relikte. Sie sind einzigartig für die Eifel.

KFZ-NAVI/PARKPLATZ

Wanderparkplatz Fliegerhügel westlich Mützenich, Eupener Str. 156, 52156 **Monschau**

EMPFOHLENER WANDERWEG

Vom Parkplatz nach Norden, verschiedene Wanderwege sind ausgezeichnet, die Bettstatt ist ausgeschildert.

WEBLINKS

https://www.eifel.info/a-kaiser-karls-bettstatt

5

KATZENSTEINE

GERADEZU MYSTISCHE ROTE SANDSTEINFELSEN, UNTER DENEN SCHON VOR 10.000 JAHREN DIE MENSCHEN IN DER STEINZEIT SCHUTZ SUCHTEN UND AUS DENEN DIE RÖMER BAUSTEINE BRACHEN.

Wild zerklüftete Buntsandsteinköpfe ragen nahezu an der Straße unübersehbar aus dem mit Kiefern bestandenen Berghang. In der Nordeifel sind im Raum Mechernich die devonischen Sedimente des Rheinischen Schiefergebirges von Sedimenten der Trias bedeckt, die in einer dreieckigen Form mit der Spitze nach Norden zeigen: das Mechernicher Triasdreieck. Überwiegend streichen hier Schichten des Buntsandsteins aus (Untere Trias), der geschlossenen Buntsandsteinbedeckung sind einige größere Buntsandstein-»Inseln« vorgelagert, wie bspw. das Vorkommen der Katzensteine. Die Entstehung des Buntsandsteins wird anderswo ausführlicher beschrieben. An den Katzensteinen ist der mittlere Buntsandstein mit deutlichen Schrägschichtungen und dünnen Konglomeratlagen aufgeschlossen. Diese Felsen sind ausgesprochen dekorativ, sehr gut lassen sich feine Sedimentschichten erkennen, die immer wieder von darauf liegenden Sedimentlagen erodiert und bedeckt wurden. Die an den unteren Felspartien zu sehenden Schrägschichtungen grobkörnigen Sandsteins sind in einem Flussbett entstanden, die weit geschwungenen Schichten an den oberen Felsen sind Flugsandablagerungen eines Dünenfeldes.

Schon zu Zeiten, als die Römer die Eifel besetzt hielten, standen die Katzensteine frei und leicht zugänglich in der Landschaft, sie boten sich geradezu als Steinbruch an. Archäologische Untersuchungen zeigten, dass antike Abbauspuren im Steinbruchbereich gerade dort gut erhalten sind, wo sie von Humus, Abraumschutt oder Schwemmmaterial bedeckt sind und nicht der Verwitterung ausgesetzt waren. An der Süd- und Ostseite der Felsen sind sie heute nur noch schwach zu erkennen. Archäologen haben berechnet, dass an den Katzensteinen bestenfalls 2000 Kubikmeter Steine gebrochen wurden, was nicht viel ist. Dieser Abbau erfolgte von der Mitte des 1. Jahrhunderts bis ins 3. Jahrhundert n. Chr., vermutlich war es ein Privatmann, der nur gelegentlich Steine zum Eigenbedarf brechen ließ. Als Abbauspuren lassen sich Schrotwände mit bogenförmigen Hiebspuren erkennen. Große Quader wurden aus dem Sandstein herausgehauen (freigeschrotet) und mit Hilfe von Eisenkeilen vom Fels gesprengt. Weiterhin erkennen wir Schrotgräben, Keillöcher und Ritzungen.

Aber schon lange vor den Römern hielten sich hier Steinzeitmenschen auf, die unter den Überhängen Schutz suchten. Bei Ausgrabungen im Jahre 1971 kam eine große Zahl spätpaläolithischer Werkzeuge zu Tage, die dort um 10.000 v. Chr. hergestellt wurden: Rückenspitzen, Federmesser, Sicheln, Lamellen und Klingen wurden gefunden, als Material diente einerseits Maas-Feuerstein, andererseits Chalcedon aus Bonn-Muffendorf.

Ein Besuch der Katzensteine lohnt sich zu jeder Zeit, besonders reizvoll sind aber eher ungemütliche Tages- und Jahreszeiten wie Nebelstimmungen, Frost, Schnee und Vereisungen, solche Wetterlagen lassen die Katzensteine ganz besonders wirken.

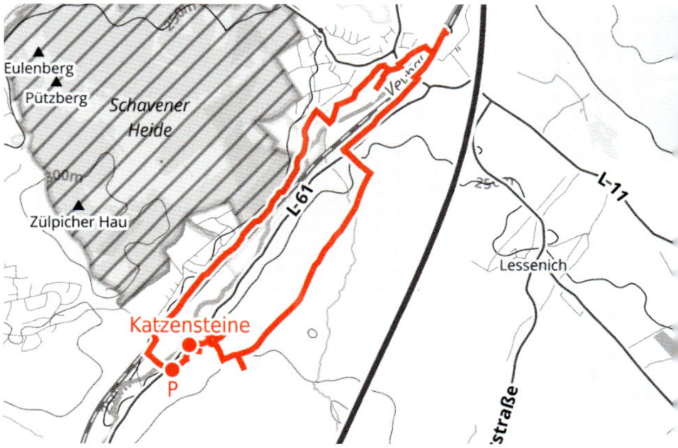

KFZ-NAVI/PARKPLATZ

Wanderparkplatz Katzensteine bei Katzvey an der L 61 zwischen **Mechernich** und **Satzvey**

EMPFOHLENER WANDERWEG

Wanderrunde Katzensteine Burg Satzvey, ca. 8,5 km von Burg Satzvey aus über den alten römischen Steinbruch und durch die Katzensteine

WEBLINKS

https://www.katzensteine-eifel.de

6

ALTUSKNIPP

AUF DEM WEG ZUM GIPFELKREUZ PASSIEREN WIR GEHEIMNISVOLLE STEINBRÜCHE MIT EINER UNGEAHNTEN UNTERWELT.

Bei Mechernich liegt eine gewaltige Bleierzlagerstätte, zu der der Mechernicher Bleiberg und der Abbau am Griesberg gehören. Im Unterschied zu vielen anderen Eifeler Erzlagerstätten ist diese nicht an Erzgänge, sondern schichtgebunden. Der ganze Sandstein ist von kleinen Erzkügelchen durchsetzt, man nennt es imprägniert, die Bleimineralien sind millimetergroße rundliche Konkretionen, die hier Knotten genannt wurden. Die Buntmetalle Blei, Zink und Kupfer stammen aus dem devonischen Gestein im Untergrund, wo sie thermisch mobilisiert wurden. Der durchschnittliche Bleigehalt liegt bei nur 1%, dennoch ist die Lagerstätte gewaltig. 2,5–3 Millionen Tonnen Blei wurden gewonnen, im Westfeld liegt immer noch ein sicherer Vorrat vom 500.000 t Blei und 720.000 t Zink in einer Konzentration, die den Abbau lohnend machen würde, wären die Weltmarktpreise nicht zu niedrig. 1957 wurde der Mechernicher Bleierzbergbau stillgelegt, seinerzeit einer der größten in Deutschland. Ursprünglich wurden die Erze im Untertagebau gewonnen, in der ganzen Region gibt es immer wieder Tagesbrüche.

Der höchste Punkt des Griesberges ist der Altusknipp, 375 Meter hoch, geziert von einem großen Gipfelkreuz. Vom Parkplatz gelangen wir über den Altusknippweg Richtung Kommern auf die Höhen des Griesberges. Im Jahre 1807 begann hier ein vom Mechernicher Bleiberg völlig unabhängiger Erzbergbau. Bis 1821 entstanden 12 Schächte, um die Lagerstätte hier untertage auszubeuten. 1840 wurde der Erzabbau untertage eingestellt. 1858 wurde er übertage wiederaufgenommen mit dem Aufschluss des Tagebaus »Elefantenkopf«, an dem wir vorbeigehen, ohne zu ahnen, dass er links neben dem Weg liegt. Es ist ein Bergschadensgebiet, das nicht betreten werden darf. Seinen Namen erhielt der Berg durch stehengebliebene Sandsteinfelsen, die an einen riesigen Elefantenkopf erinnern. Unter diesen Felsen liegt in alten Bergbaustollen eine ganze unterirdische Stadt, die heute durch mächtige verschweißte Stahlplatten verschlossen ist. Nach den alliierten Bombenangriffen vom 11. Februar 1945 zogen etwa 600 Einwohner aus der Umgebung in die vorbereitete und mit vielem Notwendigen ausgestattete unterirdische Siedlung und verließen sie erst wieder, als am 5. März 1945 amerikanische Truppen in Kommern einmarschiert waren.

Kurz darauf sehen wir links des Weges einen weiteren Zaun, dahinter geht es steil hinab in einen anderen alten Tagebau. Nach kurzer Wanderung durch den Kiefernforst erreichen wir den Gipfel mit Gipfelkreuz, der Boden ist sehr sandig, wir stehen auf den Waschsandhalden der alten Erzaufbereitungen. Unten am See, an dem die Tour startete, wurde das abgebaute Erz in Pochwerken zerkleinert und aufbereitet, der ausgewaschene Sand wurde auf Halden gekippt und erst spät aufgeforstet. Der sandige Boden ist schwermetallbelastet. Nachdem das alte Bergbaugebiet lange brachgelegen hat, wurde 1959 der der Mühlensee im alten Bleiabsatzbecken angelegt, 1972 zur Landesgartenschau war der neue Erholungspark Mühlensee fertig.

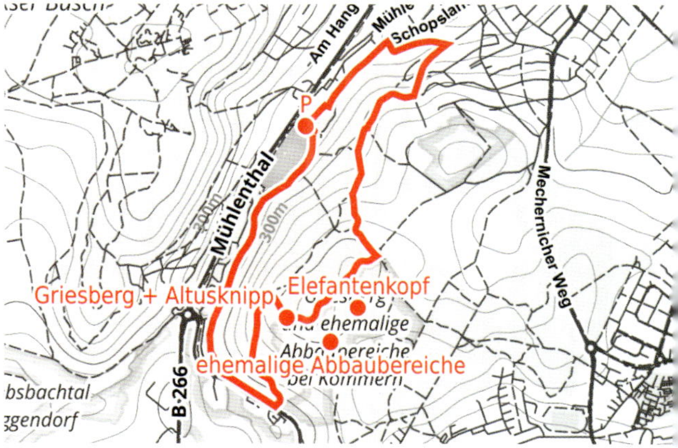

KFZ-NAVI/PARKPLATZ

Ernst-Becker-Weg in 53894 **Mechernich-Kommern**

EMPFOHLENER WANDERWEG

Altusknippweg, 4,2 km

WEBLINKS

https://www.eifelverein-mechernich.de/index.php/wandern/service/345-eifelschleife-altusknipp-weg
https://www.hans-dieter-arntz.de/kriegsende_serie06.html

7

KAKUSHÖHLE

HÖHLENFORSCHUNG FÜR ANFÄNGER – GROẞ UND GUT ZU BEGEHEN OHNE ENGSTELLEN. DAS WUSSTEN SCHON DIE STEINZEITMENSCHEN.

Es war wohl vor etwa 300.000 Jahren im Pleistozän, als in der nördlichen Eifel südlich von Mechernich bei der Ortschaft Dreimühlen der Kartsteinfelsen wuchs. Das umgebende Gestein ist erheblich älter, etwa 380 Millionen Jahre alt und bildete sich im Erdzeitalter Devon, in der nördlichen Eifel finden sich in den devonischen Meeresablagerungen mächtige Kalksteinpartien. Kalkstein ist in kaltem Wasser gut löslich, das Grundwasser ist dadurch kalkhaltig. Tritt dieses Grundwasser an einer Stelle aus dem Gestein aus, haben wir eine Quelle und der im Wasser gelöste Kalk fällt aus – so wie es in spektakulärer Weise heutzutage noch am Nohner Wasserfall (Highlight 25) geschieht. An der Stelle des heutigen Kartsteinfelsens sprudelte eine Quelle hervor, Kalk fiel aus und es bildete sich ein neues Gestein: Travertin oder Kalktuff, ein sehr poröses und relativ weiches Gestein. Der Travertin bildete sich besonders gut während der Warmzeiten, in den Kaltzeiten löste der hier fließende Hauserbach wiederum Kalk auf, floss durch Spalten und Ritzen im Travertin, wodurch im Fels Höhlen und viele Nischen entstanden. Während der Weichselkaltzeit (vor 115.000 bis 10.000 Jahren) suchten Neandertaler in diesen Höhlen Schutz, sie ließen Steingeräte wie Speerspitzen zurück und zerlegten ihre Beute. Es fanden sich Knochen von Mammut, Wollnashorn, Rentier, Moschusochse, Steppenwisent, Riesenhirsch, Pferd, Höhlenbär, Höhlenhyäne, Höhlenlöwe, Wolf und Eisfuchs. Der Felsen aber wuchs weiter und die Relikte der Neandertaler wurden im neu gebildeten Travertin eingeschlossen und erst 1977 bei archäologischen Untersuchungen entdeckt. Die Neandertaler bewohnten diese Höhlen vor 80.000 bis 40.000 Jahren. Zum Beginn des Jungpaläolithikums vor 40.000 Jahren tauchte der moderne Mensch Homo sapiens in Mitteleuropa auf. Vor 16.000 Jahren bewohnte er die Höhlen am Kartstein, typische Feuersteinklingen belegen das. Zu Beginn des Holozäns vor 13.000 Jahren lebten die Menschen noch als Jäger und Sammler, erst im Neolithikum vor 7300 Jahren wurden sie sesshaft, siedelten an einem Ort, betrieben Ackerbau und Viehzucht. Auch diese Zeit ist am Kartstein durch Pfeilspitzen und Reste von Tongefäßen dokumentiert.

In den 1920er Jahren begannen Steinbrucharbeiten am Kartstein, es wurden Steinblöcke herausgearbeitet, aus denen Futtertröge für das Vieh hergestellt wurden. Glücklicherweise wurde der Felsen 1932 unter Naturschutz gestellt.

Die beiden Höhlen am Kartstein sind gut erschlossen und ungefährlich zu betreten. Sie sind groß, und es gibt keine Engstellen, durch die wir auf dem Bauch hindurchkriechen müssen. Ein Rundweg führt um den Felsen herum, so erreichen wir problemlos die zweite Höhle. Vor der großen Höhle sind Picknickplätze angelegt, hier lässt es sich an heißen Sommertagen gut im Schatten picknicken.

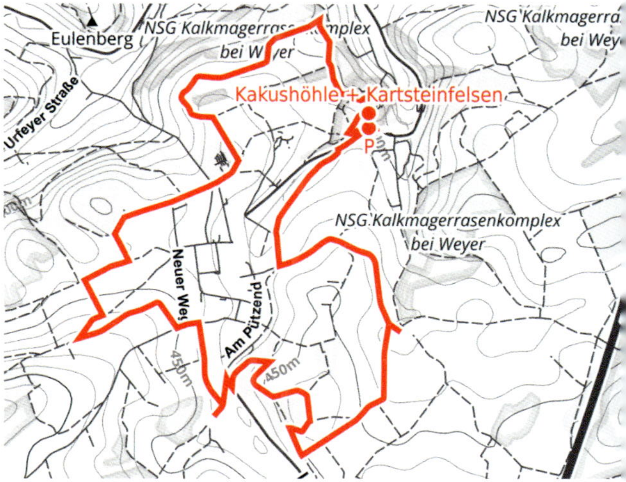

KFZ-NAVI/PARKPLATZ

Kakusstraße 3, 53894 **Mechernich-Dreimühlen**

EMPFOHLENER WANDERWEG

Eifelschleife »Rund um die Kakushöhle«, 8 km
Eifelspur »Wasser für Köln«, 17 km

WEBLINKS

https://www.mechernich.de/tourismus-und-freizeit/die-kakushoehle
https://www.kuladig.de/Objektansicht/O-UM-20130327-0018

8

Pingenwanderpfad
Eifelverein e.V.
Ortsgruppe Kall
Der Reifenschacht
Um das eisenhaltige Gestein aus der Tiefe zu bergen, wurden in den Pingenfeldern Kalls Schächte bis auf die erzführenden Schichten abgeteuft. Entgegen den Aufzeichnungen Georg Agricolas sind dazu in der Eifel keine Schächte mit rechteckigem Querschnitt angelegt worden, sondern sogenannte Reifenschächte mit rundem Querschnitt.
Man grub einen Schacht mit einem Durchmesser von ca. 1,4 m im oberen Bereich, der sich nach unten verengte. Zur Abstützung der Schachtwand wurden junge, reifenartig gebogene Eichenstämmchen in den Schacht eingebaut. Ihre Elastizität erzeugte den Druck nach außen auf die Gesteinswand. Zusätzliche Stabilität ergab Birkenreisig, das zwischen den Reifen verflochten wurde. Im Bereich des Eisensteinlagers erweiterte man die Schächte zu sogenannten "Tummeln". Von dort aus sind vielfach kurze Strecken entlang des Erzlagers vorgetrieben worden,die eine Länge bis 20 m erreichen konnten.
Mit zunehmender Teufe reichte der einfache Schachtbau nicht aus. Die Bergleute legten nunmehr einen zweiten Schacht an, der, parallel zum ersten, mit einem Achsabstand von 4 bis 8 m in die Tiefe ging. Diese Schächte mündeten in den gleichen Tummel und sorgten für die notwendige Luftzirkulation (Bewetterung) in der Grube. Außerdem stand so ein zweiter Schacht zur Verfügung, der ebenfalls zur Förderung und Entwässerung aber auch als Sicherungsschacht bei Gesteinssturz verwendet werden konnte.
Mit dieser Technik erreichte man hier auf der Kindshardt die Eisensteinlager in einer Teufe von 4 bis 8 Lachtern (ca. 8 bis 16 m). Gegen Ende des 18. Jahrhunderts betrugen die Teufen bis zu 15 Lachter (ca. 30 m).
Tafel: 7
Strecke: 4.7 km
Achtung! Pingentrichter nicht betreten, Einsturzgefahr!
Tummel
Strecke
trichterartigen Vertiefungen der typischen Doppelschachtmündungen der Erzpingen. Aus der Größe der Trichter lassen sich Schlüsse über Tiefe oder Alter der Schächte ziehen.

PINGENWANDER-PFAD

ÜBER 2000 ALTE BERGWERKE GIBT ES ALLEINE AUF DEM GEMEINDEGEBIET VON KALL, SCHON DIE KELTEN GRUBEN NACH BLEI- UND EISENERZ.

Die Vorstellungen, was denn wohl ein Bergwerk sein mag, gehen sicherlich auseinander. Wer die großen Kohlebergwerke aus dem Ruhrgebiet vor Augen hat, wird hier enttäuscht sein. Bergbau, wenn auch anders als heutzutage, betreiben die Menschen schon seit Jahrtausenden, schon im Neolithikum gab es erste Formen von Bergbau, und auch die Kelten suchten sehr intensiv in der Erde nach Erzen. Nachgewiesen ist keltischer Bergbau auch in der Region um Kall, die Römer gruben hier ebenfalls nach Erzen. Auf dem Tanzberg bei Keldenich belegen Funde von Werkzeugen und Münzen in alten Stollen keltischen Bleierzbergbau. Die Eifel war ein prädestiniertes Bergbaugebiet, durch Wasserkraft konnten Hämmer angetrieben und Erzwäschen betrieben werden, durch die Wälder stand genug Energie in Form von Holzkohle zur Verfügung.

2000 Pingen, das sind 2000 alte Bergwerke, die vom Rheinischen Amt für Bodendenkmalpflege unter Denkmalschutz gestellt wurden. Eine Pinge ist eine Erzgrube oder eine Schürfstelle, an der die Menschen nach Erz schürften. Sie taten das an der Erdoberfläche oder gruben sich ein bisschen in die Tiefe, die untere Abbaugrenze war in der Regel der Grundwasserspiegel. Wer nun durch den Wald bei Kall wandert, stößt auf eine große Anzahl Löcher in der Erde, viele Menschen halten sie für Bombentrichter. Aber es sind alte Erzgruben, meist ein trichterförmiges Loch und rundherum oder an einer Seite eine kleine Halde, auf denen die Bergleute den Aushub deponierten, denn warum sollten sie ihn weit wegbringen Die Bergleute gruben sich in die Tiefe, mehr als 10 Meter konnten das gewesen sein, der Schacht wurde mit einem Geflecht von Weidenzweigen ausgebaut. Lohnte es sich, so wurde in der Tiefe ein Stollen seitwärts getrieben, dem Erzgang folgend. Vielleicht fand sich unten auch ein größerer Hohlraum? Sofern der Abbau dann noch größere Formen annahm, wurde oft ein zweiter Schacht nach unten gegraben, der für Durchzug und frische Luft sorgte. Oben auf dem Schacht stand in der Regel eine Winde, mit der das abgebaute Erz in Körben nach oben gezogen wurde.

Der Pingenwanderpfad führt teils auf breiten Forstwegen, teils auf kleinen Pfaden durch den Wald, immer wieder geht es über die Höhen mit schönen Ausblicken. An vielen Stellen sehen wir am Wegesrand alte Pingen, des Öfteren wurden Erläuterungstafeln aufgestellt, die uns auf Besonderheiten oder den alten Bergbau hinweisen, denn nicht immer sind die alten Bergbauspuren einfach zu erkennen. Die Zeit nagt doch an ihnen und manches ist mittlerweile von Pflanzen überwuchert. Wenn dann aber ein Schild dort steht, das Einsturzgefahr bestehe, ist es empfehlenswert, sich daran zu halten, denn längst nicht alle Pingen sind sichtbar, und es kann durchaus sein, dass man einbricht und einige Meter in die Tiefe stürzt.

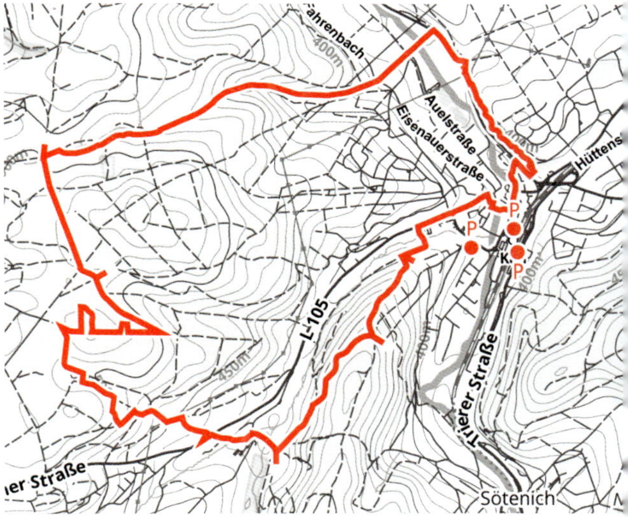

KFZ-NAVI/PARKPLATZ

Bahnhof **Kall**

EMPFOHLENER WANDERWEG

Pingenwanderpfad Kall

WEBLINKS

https://www.eifel.info/wandern/wanderwege/a-pingenwanderweg

https://www.eifelverein-kall.de/index.php/310-der-pingenwanderpfad-kall

9

FUCHSHÖHLE

EIN EINSAMER KALKFELSEN MIT KLEINER KARSTHÖHLE – NICHTS WIE HINEIN.

Ein kleines Höhlenabenteuer wartet hier bei der geologischen Untersuchung dieses Dolomitfelsens oberhalb des Marmagener Baches. Dolomit ist ein Karbonatgestein, das ursprünglich aus Kalk ($CaCO_3$) hervorgegangen ist. Vor Jahrmillionen wurde der Kalk von magnesiumhaltigem Wasser durchflossen, jedes zweite Calcium-Ion wurde durch ein Magnesium-Ion ersetzt, und es entstand das Gestein Dolomit $Ca,Mg(CO_3)_2$ – das uns natürlich besser aus den Südtiroler Dolomiten bekannt ist wie auch von den Gerolsteiner Dolomiten (Highlight 35). Dolomit ist deutlich härter als Kalk, verwittert nur schlecht durch Lösung, weshalb Dolomit in vielen Fällen steile Wände und schroffe Felsen bildet. Bei Kalk kommt uns stets der Gedanke an Karstverwitterung, und wir überlegen, ob die Höhle durch Weglösen des Karbonatgesteins entstanden sein könnte (siehe Highlight 7 – Kakushöhle). Das trifft in diesem Fall aber nicht zu, hier wurde Silbererz vermutet, und deshalb fanden im 18. Jahrhundert Versuchsgrabungen statt, die allerdings erfolglos blieben. Der gegrabene Stollen bildet zwei Kammern und geht etwa 6 Meter in den Felsen hinein. Wer hineinkriecht, sollte alte Kleidung tragen, die Höhle kann nur auf dem Bauch untersucht werden, und man kommt recht dreckig wieder heraus. Eine Taschenlampe ist auch notwendig, darüber hinaus ist der Besuch der Höhle vollkommen gefahrlos.

Die Fuchshöhle liegt am südlichsten Zipfel der Sötenicher Kalkmulde, der Kalk lagerte sich im Devonmeer ab und ist etwa 360 Millionen Jahre alt. Die Dolomitisierung erfolgte wohl vor der variszischen Gebirgsbildung. Während die Sötenicher Kalkmulde mit ihren großen Kalksteinbrüchen bei Sötenich, Keldenich und Rinnen für ihren Fossilreichtum bekannt ist, findet sich im Dolomit kein einziges Fossil. Leider werden durch die Dolomitisierung nämlich jegliche fossilen Strukturen zerstört.

Ein einfacher geologischer Geländetest lässt uns Kalk und Dolomit unterscheiden: Kalkstein reagiert deutlich sprudelnd mit 10%iger Salzsäure (HCl), Dolomit erst mit 20%iger. HCl in dieser Konzentration ist für gesunde Haut ungefährlich, das Tragen einer Schutzbrille aber ist sinnvoll.

Wer weder in die Höhle kriechen noch mit Salzsäure arbeiten möchte, wird an diesem geologischen Ort dennoch Freude haben, denn es ist ein wunderbarer Wald, ein schöner Wanderweg und ein reizvolles Bachtal.

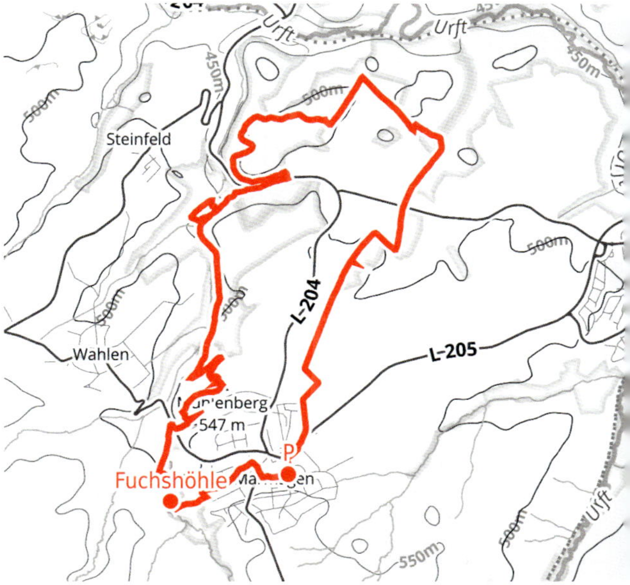

KFZ-NAVI/PARKPLATZ

Keltenring 50, **Marmagen**

EMPFOHLENER WANDERWEG

Eifelschleife »Fuchshöhle« – Wanderweg des Eifelvereins Marmagen, 14 km lange Wanderung: Vom Parkplatz aus entgegen der Ausschilderung Eifelschleife, auch auf dem Eifeler Quellenweg kürzer zur Fuchshöhle

WEBLINKS

https://eifelverein-marmagen.de/index.php/wanderprogramm/wanderweg1

https://fotografischereisenundwanderungen.com/eifelschleife-fuchshoehle-fang-den-fruehling/

TEUFELSLEY DÜMPELFELD

IM WALD HOCH ÜBER DEM AHRTAL BEI DÜMPELFELD RAGT MITTEN IM WALD EIN MÄCHTIGER FREIGEWITTERTER QUARZGANG AUS DEM BODEN EMPOR.

Vor über 300 Millionen Jahren wurde das heutige Rheinland durch die variszische Gebirgsbildung geprägt. Die devonischen Sedimentschichten wurden zusammengedrückt und verfaltet, das variszische Gebirge erhob sich allmählich aus dem devonischen Meer. Felsen und Gesteinsschichten wurden verbogen, gefaltet und zerbrochen, das Gebirge hob sich, die Erdkruste dehnte sich, dabei entstanden Risse in der Erdkruste. Vorhandene Bruchspalten weiteten sich und boten Aufstiegswege für sehr heiße Wässer aus dem Erdinneren. Aus dem Untergrund stiegen diese hydrothermalen Lösungen auf, in denen Quarz gelöst war. Diese Lösungen drängten sich in Brüche und Spalten im Gestein, kühlten ab und der Quarz fiel aus. Diese Spaltenfüllungen konnten nur Millimeter breit sein, oder auch viele Meter. Eine solche Spaltenfüllung ist die Teufelsley, ein etwa 80 Meter langer Quarzgang mit bis zu 18 Metern Höhe, der an der Basis bis zu 10 Metern dick ist. Der ganze Felsen besteht überwiegend aus Milchquarz, eine Quarzvarietät, die Wassermoleküle ins Kristallgitter eingelagert hat, der ansonsten klare und durchsichtige Quarz wird dadurch milchig. Faszinierend ist die Größe dieses Felsen, denn wir kennen solche Spaltenfüllungen von Kieselsteinen am Rheinufer, die sehr häufig von kleinen weißen Milchquarzadern durchzogen sind.

Die Teufelsley ist ein Relikt des ehemals riesigen Variszischen Gebirges, das einst inmitten des Gebirges im Gestein steckte. Stellen wir uns einfach vor, dass über uns hunderte oder gar tausende Meter Sandstein und Schiefer lägen, in denen sich dieser Quarzgang befindet. Im Laufe der Jahrmillionen verwitterte das Variszische Gebirge, das umgebende Gestein wurde abgetragen, nur der sehr harte Milchquarz blieb übrig. Irgendwann aber wird auch die Teufelsley in viele kleine Milchquarzstückchen zerbröselt sein, vielleicht werden manche von ihnen hangabwärts in die Ahr transportiert, dort durch das fließende Wasser abgerundet und liegen dann als weiße Kieselsteine in der Ahr und im Rhein. Alle weißen Kieselsteine (korrekt: Gerölle), die wir am Rheinufer, in Kiesgruben entlang des Rheins und in vielen Vorgärten finden, sind Überreste des verwitterten Variszischen Gebirges. Mit diesem Gedanken umwandern wir nun den Felsen der Teufelsley und versuchen uns vorzustellen, in welcher Tiefe im Gebirge sich dieser Felsen einst gebildet hat.

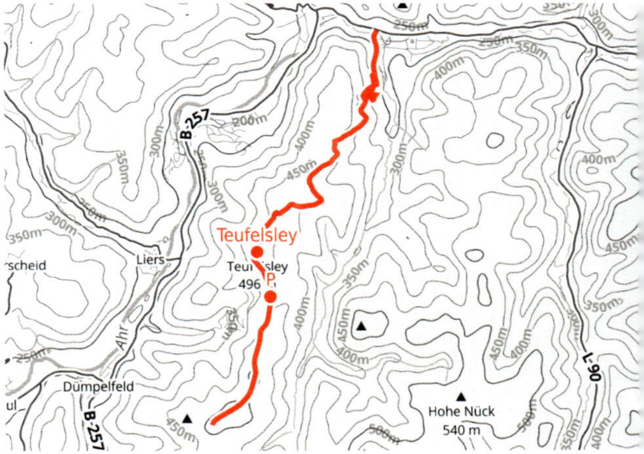

KFZ-NAVI/PARKPLATZ

Ommelbachstraße 41, 53520 **Dümpelfeld** – Wanderparkplatz am Ende der Ommelbachstraße: Auf der B 257 durchs Ahrtal, südlich von Hönningen auf die Ommelbachstraße, diese bis ganz zum Ende, dort parken. Dem Forstweg in nördlicher Richtung folgen, bis rechts des Weges ein kleiner Steinbruch auftaucht, eine Hinweistafel weist auf den Pfad zur Teufelsley hangaufwärts.

EMPFOHLENER WANDERWEG

Karl-Kaufmann-Weg, ein Hauptwanderweg des Eifelvereins, von Ahrbrück im Ahrtal zur Hohen Acht, ein Rundweg bietet sich nicht an. Vom Wanderweg zeigen sich scheinbar endlose Blicke über das Ahrgebirge.

WEBLINKS

https://www.eifel.info/a-teufelsley

HOHE ACHT

HÖCHSTER GIPFEL DER EIFEL MIT PHÄNOMENALER AUSSICHT VOM KAISER-WILHELM-TURM.

37,9 Millionen Jahre alt ist die Basaltkuppe der Hohen Acht, des höchsten Berges der Eifel. Ursprünglich war dieser Berg noch höher, aber im Laufe der Jahrmillionen nagte die Erosion an der Landschaft, und weichere Gesteine wie Schlackenkegel und Tephrabauten wurden zumindest teilweise abgetragen. Die Landschaftsoberfläche rund um die Hohe Acht dürfte sich in diesen nahezu 40 Millionen Jahren um mindestens 60 Meter erniedrigt haben, was für diesen Zeitraum nicht unbedingt viel ist, mehr als 100 Meter dürfte die Denudation aber nicht betragen haben. Es gibt jedoch auch Geologen, die eine Abtragung von mindestens 150 Meter berechnet haben.

Basalt ist ein vulkanisches Gestein, das als Schmelze aus dem Untergrund nach oben dringt und hier erstarrt. Fließt aus einem Vulkan ein Lavastrom, so erstarrt er zu Basalt. Aus der Tiefe dringt im Schlot mit vielen Zehnermetern Durchmesser Basalt empor, als Lava wird er durch den Gasdruck des Vulkans herausgeschleudert und zerfetzt, und die Brocken erstarren zu vulkanischer Schlacke, die rund um den Krater einen Schlackenkegel aufhäuft. Die Schlotfüllung selbst aber besteht aus sehr verwitterungsresistentem Basalt. Aus vielen Vulkangebieten weltweit kennen wir übriggebliebene Schlotfüllungen, die einsam in der Landschaft stehen, oftmals ein Zeichen dafür, dass dieser Vulkan schon recht alt ist – wie auch die Hohe Acht. Der Berg ist also ein vulkanisches Relikt, nur der harte Kern aus Basalt ist übrig. Die Kuppe der Hohen Acht besteht aus anstehendem Basalt, die Flanken des Berges bestehen aus unterdevonischen Sandsteinen. Umwandern wir den Berg, mag der falsche Eindruck bestehen, dass scheinbar der ganze Berg aus Basalt besteht, überall liegen Basaltbrocken und Basaltsäulen herum. Hierbei handelt es sich jedoch um Blockströme, also Felsbrocken, die von der Kuppe heruntergerutscht sind. Besonders weit ziehen sich die Blockströme im Osten bis nach Jammelshofen herab.

Wir wandern von der L 10 durch den Wald, der insbesondere im Herbst ausgesprochen reizvoll ist, hinauf zum Gipfel der Hohen Acht. Im Wald sehen wir immer wieder große Basaltbrocken liegen, die vom Gipfel herabgefallen sind. Mit einem Mal stehen am Wegesrand nahezu senkrecht aufragende Basaltsäulen, wir sind am Rande des Schlotes angekommen, gehen hinauf auf den Gipfel, auf dem wir überall schöne, dekorativ bemooste Basaltsäulen sehen. Auch der Kaiser-Wilhelm-Turm ist zum größten Teil aus Basaltgestein erbaut, wir erklimmen ihn und genießen oben einen der schönsten Ausblicke der Eifel. Wir sehen nahezu die gesamte Eifel, die Ahrregion, den Westerwald und das Siebengebirge. Es kann zugig sein hier oben, und da wir diesen Ausblick länger genießen wollen, kann eine Jacke nicht schaden.

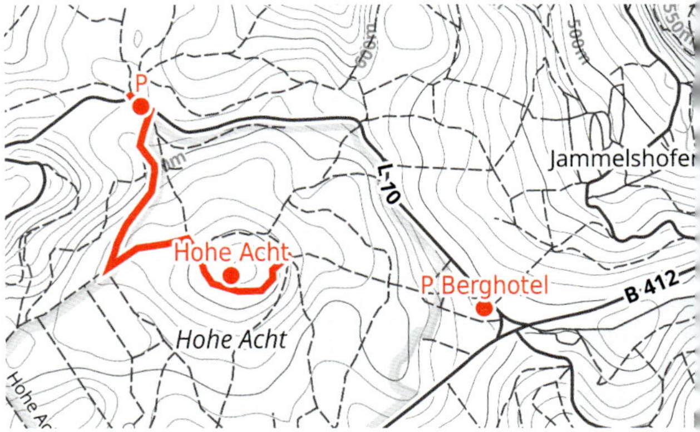

KFZ-NAVI/PARKPLATZ

»Berghotel Hohe Acht« *oder* die Straße L 10 weiterfahren bis zum Wanderparkplatz Hohe Acht nördlich des Berges

EMPFOHLENER WANDERWEG

Vom ehemaligen »Berghotel Hohe Acht« ausgeschilderter Wanderweg »Eifelleiter« und anderer Wanderweg des Eifelvereins zum Gipfel – weniger anspruchsvoll. Im Süden der Hohen Acht vom Wanderparkplatz: steiler Anstieg zum Gipfel.

WEBLINKS

https://www.eifel.info/a-hohe-acht-mit-dem-kaiser-wilhelm-turm

https://www.eifel.info/a-panoramarundblick-360-hohe-acht

12

LAVASTROM DER HOHEN BUCHE

DER LAVASTROM DES VULKANS HOHE BUCHE WÄRE EINST BEINAHE IN DEN RHEIN GEFLOSSEN UND HÄTTE DAS RHEINTAL VERSCHLOSSEN. SPÄTER BAUTEN DIE RÖMER HIER BASALT AB, AN VIELEN STELLEN FINDEN WIR IHRE ARBEITSSPUREN.

Ein dramatischer Vulkan, er brach sehr nahe am Rheinufer aus und schleuderte Lapillitephra und Schlacke in die Luft. Rings um den Krater wurde ein Wall aus vulkanischer Schlacke angehäuft, der aber dem Druck der aufsteigenden Basaltlava nicht lange standhalten konnte. Die glühende Lava durchbrach den Kraterwall im Osten, ein Lavastrom ergoss sich Richtung Rheintal ... und erreichte den Rhein. Zweimal geschah dies, zwei Lavaströme flossen hangabwärts. Der untere der beiden Lavaströme ist an einem Forstweg, der südlich von Brohl von der Straße Alkburg abzweigt und parallel zum Rhein verläuft, auf 300 Meter Länge und einer Höhe bis zu 8 Meter mehrfach aufgeschlossen. Was bloß würde passieren, wenn so ein Lavastrom heute in den Rhein fließen und das Rheintal verschließen würde? Ein mehrere hundert Meter breiter Staudamm würde einen immensen See aufstauen und in ganz Mitteleuropa eine Katastrophe ausgelöst. Den Bonner Vulkanologen Ulrich Schreiber inspirierte dieses Szenario zu seinem Geo-Thriller »Die Flucht der Ameisen«.

Das Alter des Lavastroms lässt sich anhand geologischer Beobachtungen recht genau bestimmen. Beim Bau der Eisenbahnlinie musste Basalt weggesprengt werden, unter dem Lavastrom kamen Schotter der jüngeren Mittelterrasse zum Vorschein, die schon abgelagert waren, während die Niederterrasse noch fehlte. Das heißt, als die Lava den Hang hinabfloss, waren die 100.000 Jahre alten Schotter der Mittelterrasse bereits abgelagert und wurden unter der Lava konserviert.

Die Lava ist ziemlich porös, weshalb sie sich gut bearbeiten lässt, die Lage direkt am Rhein ist ideal für den Transport per Schiff. Das stellten schon die Römer fest und bauten hier im 2. Jahrhundert Werksteine ab, die über die Mosel bis nach Trier transportiert wurden und dort z. B. für den Bau der Moselbrücke verwendet wurden. Auch Mühlsteine wurden hergestellt.

Wir beobachten den Abbau vor allem oben auf dem Berg, hier führt ein Rundweg mit etlichen Infotafeln durch die wilde Steinbruchlandschaft. An vielen Stellen erkennen wir, dass hier Basaltblöcke aus dem Lavastrom gelöst wurden, nicht abtransportierte Blöcke liegen herum, und an etlichen Stellen sehen wir die typischen Reihen der begonnenen Keilspaltung – Abbauspuren aus römischer Zeit. Die Römer trieben Eisenkeile in einer langen Reihe in den Stein, bis dieser mit einem Mal durchriss. So wurden große Blöcke aus der Felswand gelöst und später durch eine weitere Spaltung in die richtige Form und Größe gebracht.

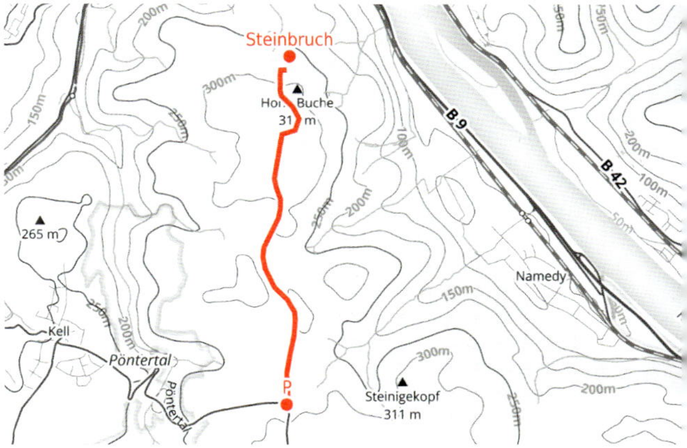

KFZ-NAVI/PARKPLATZ

An der K58 zwischen den Orten 56626 **Kell** und 56626 **Eich**

EMPFOHLENER WANDERWEG

Vom Parkplatz dem asphaltierten Fahrweg über die Höhen folgen und hinter dem Knopshof nach rechts in den Wald. Hier stehen Wegweiser zur Hohen Buche, der Weg ist gut ausgeschildert, ebenso der Rundweg durch das alte Basaltabbaugebiet, etliche Infotafeln stehen am Wegesrand.

WEBLINKS

https://www.vulkanpark.com/entdecken/denkmaeler/hohe-buche/

13

TRASSHÖHLEN

HÖHLEN IN DEN ABLAGERUNGEN VULKANISCHER GLUTWOLKEN, DIE SICH NACH DEM AUSBRUCH DES LAACHER SEE-VULKANS DURCH DIE TÄLER WÄLZTEN

Etwa fünf Kilometer entfernt ist der Laacher See, der sich nach dem Ausbruch des Laacher-See-Vulkans in dessen entleerter Magmakammer bildete. Riesig war die Magmakammer, gewaltig der Magmavorrat und immer wieder lief Grundwasser in das geschmolzene Gestein im Untergrund, verdampfte in Sekundenschnelle und ließ durch diese Wasserdampfexplosionen enorme Aschewolken gen Himmel steigen, wahrscheinlich deutlich über 30 Kilometer hoch bis in die Stratosphäre. Diese durch Wasser ausgelöste Eruption nennen die Vulkanologen phreatomagmatisch, zerfetzte Lavateilchen werden durch die Wasserdampfexplosion herausgeschleudert. Eine immens hohe Aschesäule schoss in den Himmel und dehnte sich in der Höhe atompilzartig aus. In dieser Aschesäule erfolgten elektrostatische Entladungen, gewaltige Gewitter entstanden, starke Blitze zuckten und große Regenmassen prasselten hinab. Die nicht verfestigte vulkanische Asche wurde zu Schlamm, der zusammen mit pyroklastischen Strömen durch die Täler schoss. Hier, wo Brohltal und Tönissteiner Tal aufeinanderstoßen, trafen sich Ströme aus Ascheschlamm und pyroklastischen Strömen, die Ablagerungen erreichen hier mit 60 Metern ihre größte Mächtigkeit. Im Laufe der Jahrtausende verbackte dieses lockere Material zu einem nicht sehr festen Gestein, das sich leicht abbauen lässt. Trass nennen es die Bewohner der Region, abgeleitet vom holländischen *Tyrass,* was Kleber bedeutet. Den Holländern verdanken wir diese herrliche Landschaft der Trasshöhlen im Brohltal. Trassabbau betrieben hier schon die Römer, wenn auch in geringerem Umfang. Sie mahlten es, mischten es mit gebranntem Kalk und Wasser, das Material härtete auch unter Wasser aus. Auch für das sagenhafte Baumaterial der Römer in Köln, das *opus caementitium,* wurde Brohltaltrass verwendet, den auch die Holländer ab dem 16. Jahrhundert abbauten. Als am Meer gelegene Seefahrernation war der unter Wasser aushärtende Trass ein ideales Baumaterial für Hafenanlagen etc., hinzukam die transporttechnisch hervorragende Lage direkt am Rhein. Bereiche minderwertigen Materials wurden nicht abgebaut und stehen heute noch in der Landschaft.

Das wichtigste Gestein des Trasses ist der Bims, ein helles, fast weißes Vulkangestein mit einem sehr großen Porenvolumen von etwa 85 %. Es ist Gesteinsschaum, der entstand, als sehr gashaltige Lava in den Himmel schoss. Das unter Druck in der Magmakammer noch flüssige Kohlendioxidgas dehnte sich auf dem Weg in den Himmel aus, zahllose Gasblasen entstanden im Gestein, das aufgrund der großen Kälte in der Höhe schlagartig erstarrte. Die Gasblasen konnten nicht mehr hinaus. Bims ist derart gashaltig, dass er auf dem Wasser schwimmt.

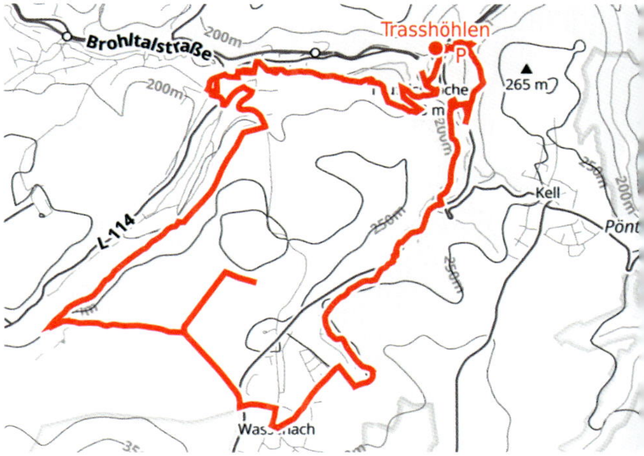

KFZ-NAVI/PARKPLATZ

Wanderparkplatz im **Brohltal,** Einmündung Tönissteiner Tal, neben der Gästepension »Schmökermühle«, ehemaliges Jägerheim

EMPFOHLENER WANDERWEG

Trasshöhlenweg

WEBLINKS

https://www.vulkanregion-laacher-see.de/a-trasshoehlenweg-georoute-u
https://www.eifel.info/a-trasshoehlen
https://vulkan-express.de/stationen-und-ausfluege/59-wanderungen/332-wolfsschlucht

DACHSBUSCHFALTE

LAVASCHICHTEN UND EISZEITEN LIESSEN EIN BESONDERES NATURDENKMAL ENTSTEHEN: AUFGETAUTE ERDSCHICHTEN RUTSCHTEN BERGAB UND FALTETEN SICH.

Die Ortschaft Wehr liegt im Wehrer Kessel, einer vulkanischen Caldera, die bei einem großen Vulkanausbruch ähnlich dem des Laacher-See-Vulkans vor 200.000 bis 100.000 Jahren entstand. Östlich von Wehr, auf der anderen Seite der Autobahn, erhob sich noch vor 200.000 Jahren der Dachsbusch-Vulkan. Viel ist davon nicht mehr übrig, der Vulkan ist komplett abgebaut, die stehengebliebenen Reste erlauben jedoch spannende Einblicke. Wir folgen dem Pfad vom Parkplatz bis ganz nach oben und sehen vor uns eine Wand, den Rest des Schlackenkegels. An der rechten, dunkelbraunen Hälfte können Schweißschlacken und kleine Schlackenbrocken erkennen, auch die ein oder andere Lavabombe ist enthalten. Richtig interessant aber wird es auf der linken Seite des Aufschlusses. Eine wunderschöne Gleitfalte wurde während des Abbaus angeschnitten und blieb erhalten.

Was ist geschehen? Der Vulkan brach aus und häufte einen Schlackenkegel an, wie sie in der Osteifel recht zahlreich stehen. Zunächst schleuderte der Vulkan grobe Schlacken und Lavabomben heraus. In einer späteren Phase des Ausbruchs wurden rötliche, basaltische Aschen gefördert, die recht gut geschichtet auf den dunkelbraunen Schlacken liegen. Eine Kaltzeit folgte, wahrscheinlich war es die vorletzte vor etwa 150.000 Jahren, der Boden gefror für längere Zeit in einer Tiefe von mehreren Zehnermetern. Eine Kaltzeit bedeutet nun nicht Dauerfrost, immer mal wieder tauten die oberen Meter auf, waren dann wassergetränkt und rutschig, oben am Hang des Vulkans begannen diese aufgetauten rötlichen Ascheschichten nach unten zu rutschen. Da der untere Teil dieser Schichten aber gefroren war, konnte er nicht mitrutschen, blieb in seiner Position, während der obere Teil beim Rutschen umkippte und sich überschlug – eine umgeklappte Falte war entstanden, dieser Zustand fror später wieder ein. Eiszeitliche Winde wehten eine Lössschicht über den Vulkan. Löss ist ein äolisches Sediment, das sich nur in Kaltzeiten bildet, ein feiner, vom Wind transportierter Staub – das ist die gelbliche Schicht über der rötlichen Falte. Spätere Solifluktion ließ im aufgetauten Lössmatsch Schlackebrocken den Hang hinunterfließen. Wahrscheinlich wäre dieses ganze Kapitel der Vulkangeschichte verwittert, wenn nicht der Wehrer Vulkan ausgebrochen wäre und seine Umgebung unter Bimsschichten bedeckt hätte. Dieser Bims verhärtete später zu einem hellen und widerstandsfähigen Tuff. Dies ist die schöne, gerade, helle Schicht über der Lössschicht mit dem dunklen Basalt. Eine stabile Deckschicht, die die Gleitfalte darunter über 100.000 Jahre vor der Abtragung bewahrte.

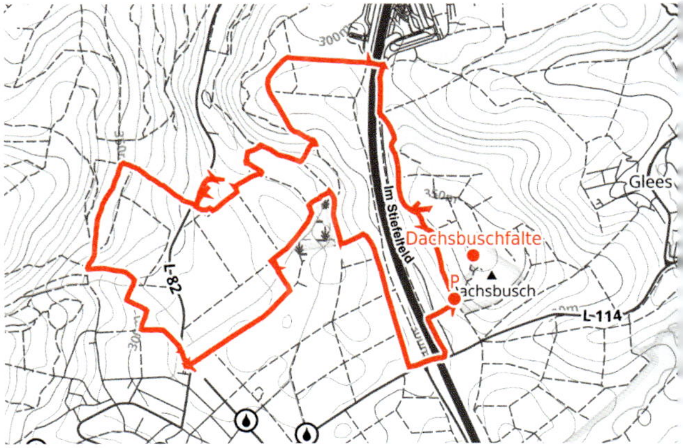

KFZ-NAVI/PARKPLATZ

Wanderparkplatz Dachsbusch: An der L 114 von **Glees** nach Wehr vor dem Solarpark rechts den Fahrweg hoch bis zur Infotafel Dachsbusch.

EMPFOHLENER WANDERWEG

Von der Infotafel dem Wegweiser zur Dachsbuschfalte etwa 500 Meter folgen. Eine schöne Wanderung ist der 8,2 km lange Wehrer Kesselweg mit Besuch des Dachsbuschvulkans und des Geysirs bei den Wehrer Carbo-Werken.

WEBLINKS

https://www.vulkanregion-laacher-see.de/a-wehrer-kesselweg

https://www.eifel.info/a-gleitfalte-am-dachsbusch

15

WEIBERNER TUFFSTEINBRÜCHE

SPÄTESTENS SEIT DEM MITTELALTER WURDE IN STÄDTEN WIE KÖLN UND BONN DER TUFF DES RIEDENER VULKANS VERBAUT: IN DEN ROMANISCHEN KIRCHEN KÖLNS, DEM KÖLNER DOM, DEM BONNER MÜNSTER.

Über zehnmal brach der Riedener Vulkan vor 440.000 bis 390.000 Jahren aus. Acht größere Eruptionen erfolgten aus fünf verschiedenen Kratern in der direkten Umgebung von Rieden, dabei wurden Aschewolken ausgestoßen, wie wir sie vom Mount St. Helens kennen. Jeweils über einen halben Kubikkilometer Bims und Asche schleuderten die Vulkane aus und bedeckten den Raum rund um Rieden mit mächtigen Schichten. Während des Eiszeitalters wurde ein großer Teil dieser Bims- und Ascheschichten wieder erodiert, im Umkreis von 6 km rund um Rieden sind aber oft mehrere Zehnermeter mächtige Tuffe erhalten und werden je nach Ortschaft als Riedener, Weiberner oder Ettringer Tuff abgebaut. Mindestens sechs kleinere Eruptionen stießen ebenfalls Lava aus.

Im Tal südlich der Ortschaft Weibern lag der Krater, dessen Eruption zur Ablagerung der über 100 Meter mächtigen Weiberner Tuffe führte, die nördlich von Weibern in mehreren großen Steinbrüchen seit dem Mittelalter abgebaut werden. Ideal ist eine Wanderung auf dem Rundweg Weiberner Tuff, der am Parkplatz beginnt. Wir besuchen zunächst den aktuellen Abbau am Alten Berg in Weibern (am Parkplatz Treppe hoch, oben links, den Wegweisern zur Aussichtsplattform hinter der Werkseinfahrt folgen). Wieder zurück auf dem Weg stehen wir nach einigen Minuten vor den historischen Abbauwänden des Alten Berges. Diese alten Steinbrüche sind ausgesprochen attraktiv und fotogen, im Sommer blüht hier ein Blumenmeer. Der Weiberner Tuff ist ein sehr homogenes Gestein, das wenig Nebengestein enthält. Nebengesteine entstammen dem Untergrund – bspw. devonischer Sandstein – die der Vulkan beim Ausbruch zertrümmert und herausgeschleudert hat und die mit dem Tuff sedimentiert sind. Schauen wir uns dieses Gestein genau an, werden wir es in Köln an den romanischen Kirchen, aber auch am Bonner Münster und an der Abtei Maria Laach wiedererkennen. Folgen wir dem Rundweg weiter, erreichen wir nach einigen hundert Metern den alten Steinbruch »In den Lärchen«, eine Infotafel hindert uns am Vorbeilaufen am eher engen Zugang. Hier wurde Gestein für den Kölner Dom abgebaut, wir folgen dem Pfad in den Bruch hinein bis zum Ende, stehen vor den senkrecht nach oben ragenden Wänden und bekommen eine Vorstellung von der Dimension dieses Abbaus. Wer dem Wanderweg nicht folgen mag, geht jetzt schon zurück zum Ausstellungsgelände des »Steinhauervereins Weibern« und schaut sich Abbaugeräte und Maschinen an, informiert sich über die Abbau- und Bearbeitungstechniken in älterer Zeit und macht vielleicht einen Schnellkurs zum Tuffsteinmetz.

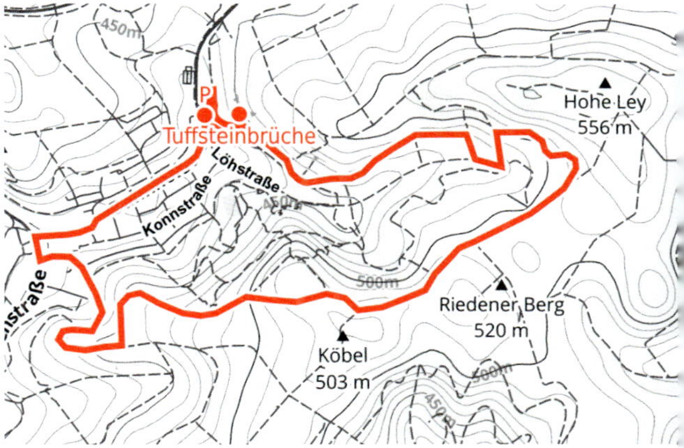

KFZ-NAVI/PARKPLATZ

Tuffsteinstraße 40, 56745 **Weibern,** Wanderparkplatz direkt gegenüber.

EMPFOHLENER WANDERWEG

Rundwanderung Weiberner Tuff mit GPS-Gerät, 6,5 km *oder* Geowanderweg O – Tuffsteinweg – 20 km lange Wanderung, lässt sich nach 6 km in Weibern abkürzen, auf der Bahnhofstraße zurück zum Parkplatz.

WEBLINKS

https://kempenich.de/tourismus-freizeit-wandern-weibern/
https://www.steinhauervereinweibern.de/

MOFETTEN AM LAACHER SEE

UNTER DER EIFEL GLÜHT ES, DER VULKANISMUS IST NOCH AKTIV, UND AM UFER DES LAACHER SEES LÄSST SICH DAS DURCH AUSTRITTE VULKANISCHEN GASES ERLEBEN

Am Ostufer des Laacher See blubbert es im Wasser an vielen Stellen manchmal recht heftig. Bei genauerem Hinsehen kommen aus dem Boden des Gewässers Gasblasen hervor, die nach oben aufsteigen. Ganz besonders gut sehen wir sie bei ruhigem Wasserspiegel, bei Wellenbewegung sind sie oftmals nur schlecht zu erkennen. Und wenn es ganz ruhig ist und niemand spricht, dann hören wir die Gasblasen auch. Es sind CO_2-Bläschen, die durch Spalten in der Erdkruste aus der Tiefe der Erde kommen: Man nennt sie Mofetten. Sie sind geruchlos und in der Regel ungefährlich, am Laacher See besteht durch aufsteigendes CO_2 keinerlei Gefahr. CO_2 (Kohlendioxid) ist auch in der Atemluft und im Sprudelwasser enthalten und vollkommen ungiftig.

Kohlendioxid findet man immer im Magma in den Tiefen der Erde, aufgrund des hohen Drucks ist das Gas dort unten flüssig. Das Kohlendioxid, das am Laacher-See-Ufer und auch in der Umgebung, bspw. im Tönissteiner Bach oder am Römerbrunnen, austritt, stammt aus dem etwa 30 km unter der Eifel gelegenen Eifelplume, nicht aus einer Magmakammer unter dem Laacher See – die Magmakammer hat sich bei der großen Eruption vor etwa 13.000 Jahren entleert. Bei Druckentlastung wird das zunächst noch flüssige Kohlendioxid gasförmig und steigt durch Spalten in der Erdkruste nach oben, bis es letztendlich an der Erdoberfläche herauskommt. Nur unter Wasser sind diese Gasblasen sichtbar, aber CO_2 tritt auch auf Wiesen und Äckern aus. Das Kohlendioxidgas entweicht entweder als trockenes Gas, diese Exhalation ist kalt. Löst sich das Gas im Untergrund im Wasser, so tritt es als saures Wasser aus, wir bezeichnen das als Säuerling. In der Eifel gibt es zahlreiche solche Austritte kohlensäurereichen Wassers, sie werden als Dreese bezeichnet.

Spannend zu beobachten sind die Mofetten im Laacher See in jedem Fall. Wir finden sie auf dem Uferrundweg am Ostufer des Laachers Sees an etlichen Stellen, wobei die Intensität der Gasaustritte schwanken kann. Trotz ihrer Ungiftigkeit kann CO_2-Gas für Mensch und Tier tödlich sein. Kohlendioxidgas ist schwerer als Luft und sammelt sich in Mulden und Löcher, wenn diese nicht durchgelüftet werden. So kam es in der Ortschaft Wassenach wie auch an einer ehemaligen Jesuitenvilla am Ostufer nahe des Lorenzfelsens im 19. und Anfang des 20. Jahrhundert mehrfach zu dubiosen Todesfällen. In Kellern hatte sich das schwere Kohlendioxid angereichert und konnte nicht entweichen. Wer diesen Raum betrat, musste innerhalb weniger Minuten ersticken.

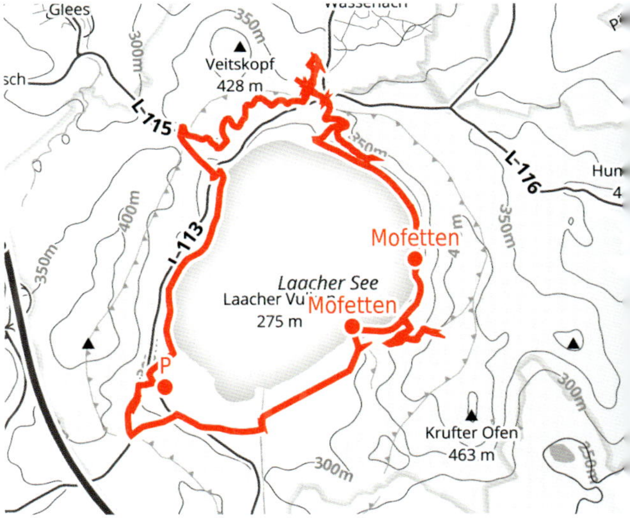

KFZ-NAVI/PARKPLATZ

Abtei **Maria Laach**

EMPFOHLENER WANDERWEG

Laacher-See-Rundweg beginnt an der Abtei, führt an den Mofetten vorbei.

WEBLINKS

https://www.vulkane.net/vulkane/eifel/laacher-see-vulkan.html

17

AM VERBRANNTEN

AUF DEM HÖHENWEG RUND UM DEN LAACHER SEE ERLEBEN WIR NICHT NUR HERRLICHE AUSBLICKE ÜBER DEN SEE, SONDERN STOßEN AUCH AUF DIE ALTEN STEINBRÜCHE, AUS DENEN DAS BAUMATERIAL FÜR DIE ABTEI MARIA LAACH STAMMT.

Beim Besuch der Abtei Maria Laach fällt auf, dass diese im unteren Teil aus orange-rotem Tuff erbaut ist, einer Farbe, die wir aus den Tuffsteinbrüchen bei Weibern, Rieden und Ettringen nicht kennen. Dieses Gestein stammt aus einem kleinen, besonderen Vorkommen am östlichen Hang des Laacher-See-Kessels. Wir wandern über den Höhenweg um den Laacher See und stoßen dort auf die alten Steinbrüche »Am Verbrannten«, in denen seit Ende des 11. Jahrhunderts der rote Tuff für den Bau der Abtei gebrochen wurde. Der Pfalzgraf Heinrich II. bei Rhein wählte diesen dekorativen Stein als Baumaterial für die Abtei. Natürlich spielte auch die Distanz eine Rolle, denn seinerzeit wurden die bearbeiteten Steine noch mit Pferdefuhrwerken transportiert, wie auch der Umstand, dass diese Steinbrüche im Besitz der Bauherren der Abtei waren. Später wurde der rote Tuff 1920 für die Fassade des Laacher-See-Hotels und 1952 für die Buchhandlung verwendet.

Die Grundmauern bis in etwa 3,5 Meter Höhe, der Ostchor mit Chorhaus und Flankentürmen, Querhaus und der oktogonale Vierungsturm sowie die östlichen Joche von Mittel- und Seitenschiffen wurden aus diesem Tuff erbaut. Blicken wir vom Hotel auf die Abtei, sehen wir im oberen Bereich ab den Rundbögen einen hellgrauen Tuff als Baumaterial, hier wurde jetzt auf Veranlassung des ersten Abtes Gilbert zunehmend Tuff aus Weibern sowie der sogenannte Römertuff aus Kruft verbaut. Dekorativ wirken die abgesetzten schwarzen Basalte, die wahrscheinlich aus der Kottenheimer Gegend stammen.

Am Steinbruch »Am Verbrannten« führt der Pfad durch alte Steinbruchhalden an die Abbauwand. An dieser Wand beobachten wir sehr schön die verschiedenen eruptierten Tephra des Laacher-See-Vulkans. Da sind massige, schlecht sortierte und gut verfestigte Ablagerungen pyroklastischer Ströme (Ignimbrite), die nahezu horizontal geschichtet sind. Aus dem Vulkan kamen ebenso sog. base-surges heraus, Gasdruckwellen, die bodennah über die Landschaft schossen und wellige oder schräg geschichteten Ablagerungen in Zentimeter- bis Dezimeter-Mächtigkeit hinterließen. Dazwischen lagerte sich immer wieder Bims ab, der aus der Eruptionssäule vom Himmel herabregnete. Der Weg hierhin lohnt sich, einige hundert Meter vor den Steinbrüchen passieren wir auf dem Höhenweg den schönsten Aussichtspunkt auf den Laacher See, dort steht eine Bank, an der wir unbedingt Pause machen und hoffen, dass da gerade niemand sitzt.

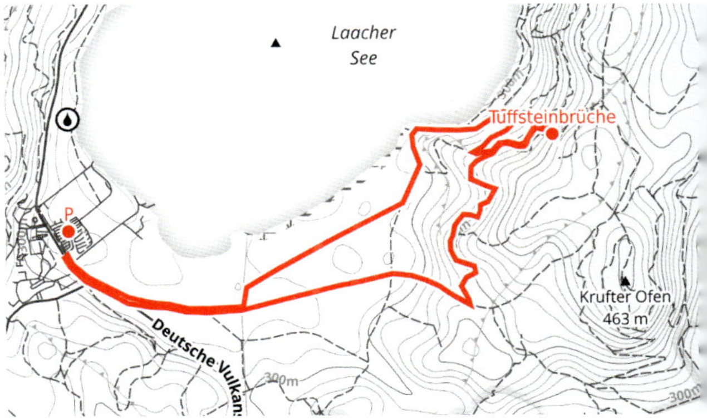

KFZ-NAVI/PARKPLATZ

Parkplatz der Abtei **Maria Laach**

EMPFOHLENER WANDERWEG

Der Geopfad L führt rund um den Laacher See (15,2 km) und passiert die Tuffsteinbrüche, die Mofetten und den Lydiaturm bei Wassenach *oder* kürzerer Weg von der Abtei über den Laacher-See-Höhenweg zu den roten Tuffsteinbrüchen.

WEBLINKS

https://www.vulkanregion-laacher-see.de/a-laacher-rundweg-georoute-l
https://profirouten.de/eifel/geopfad-route-l-laacher-rundweg

MARXE-LEY UND SCHWEINSGRABEN

TIEF IM WALD LIEGEN DIE ABBAUSTELLEN DER BELLER OFENBAUER, JAHRHUNDERTELANG WURDEN IM RIEDENER TUFF STEINE FÜR DEN OFENBAU GEBROCHEN.

Der schon in Highlight 15 beschriebene Riedener Vulkan förderte bei seinen zahlreichen Ausbrüchen verschiedene Tephra-Arten, die zu unterschiedlichen Tuffen verhärteten. Östlich finden sich Tuffe, die besonders für den Ofenbau geeignet sind, nach dem dort gelegenen Ort Bell wird der Tuff »Beller Ofenstein« genannt. Bell war jahrhundertelang neben Königswinter im Siebengebirge das Zentrum des rheinischen Ofenbauerhandwerks. Der leicht grünliche Tuff erfüllte die notwendigen Anforderungen an ein Material zum Ofenbau: Er speicherte Wärme sehr lange, er war hitzebeständig und zersprang bei Erhitzung nicht, und er ließ sich gut in Blöcke schneiden. Die gebrochenen und bearbeiteten Steine aus den Beller Leyen wurden mit Fuhrwerken, per Eisenbahn und Rheinschiff ins In- und Ausland verschickt. Zielorte waren u.a. Holland, Belgien, Frankreich, Italien, Griechenland und sogar Palästina.

Starten wir unsere Tour an der Erlenmühle und folgen dem Traumpfad, so passieren wir die Tuffsteinbrüche Rauhbuur, etwas später hinter dem Wanderparkplatz Schweinsgraben stehen wir plötzlich im Schweinsgraben, einem urigen kleinen Steinbruch für Ofenbau-Tuff inmitten des Waldes leicht südlich von Bell. Von hier ist der Weg dann bis zur Marxe-Ley etwas länger, aber er lohnt sich. Eine urige alte Ley mitten im Wald war vollkommen in Vergessenheit geraten und wurde erst bei der Planung des Traumpfades »wiederentdeckt« und hergerichtet. Über 15 Meter senkrecht in die Höhe gehen die Wände ringsum, eng ist der kleine Kessel, der sich nur über einen schmalen Pfad erreichen lässt, aber mittendrin steht ein Picknicktisch. Ganz oben auf der Kante steht ein alter Grubenkran, mit dem die gehauenen Blöcke zum Fahrweg und Abtransport hochgezogen wurden.

Wie im Siebengebirge ging auch in Bell das Gewerbe der Ofenbauer in den 50er Jahren des 20. Jahrhunderts nieder. Elektroöfen zogen in die Küchen ein, die Nachfrage nach Steinbacköfen kam zum Erliegen.

Was fällt auf am Beller Ofentuff? Er ist sehr feinkörnig und gleichmäßig, hat keine größeren Einschlüsse, an denen der Stein bei Erhitzung zerspringen kann. Im bereits besichtigten Weiberner Tuff finden wir viele, wenn auch eher kleine Partikel aus dem geologischen Untergrund, noch deutlicher wird dies im Ettringer Tuff, den wir kennenlernen, wenn wir dem Traumpfad weiter folgen. Im großen Steinbruch an den Rodderhöfen wird auch heute noch Ettringer Tuff abgebaut. Dieser Tuff besitzt durch seine recht großen und groben Nebengesteinsfragmente einen bunten und eher lebhaften Charakter, er sieht einem Konglomerat sehr ähnlich. Für Ofenbau und Bildhauerei ist er nicht geeignet, wird auch erst seit dem 19. Jahrhundert abgebaut und vor allem für Hausbau und Fassaden verwendet.

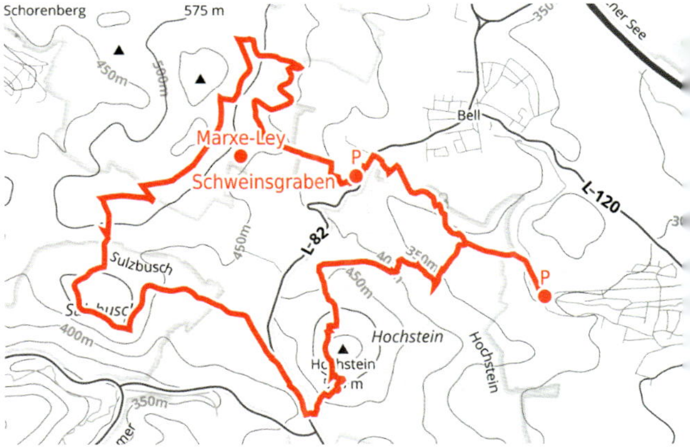

KFZ-NAVI/PARKPLATZ

Erlenmühle, Ernteweg, 56743 **Mendig**
Wanderparkplatz Schweinsgraben bei **Bell**

EMPFOHLENER WANDERWEG

Traumpfad »Vier-Berge-Tour«

WEBLINKS

https://www.traumpfade.info/pfad/traumpfad/vier-berge-tour/
https://www.bell-eifel.de/bell-am-laacher-see-das-dorf-der-backofenbauer/

19

LAVAKELLER MENDIG

EINE UNTERWELT, WIE SIE AUF DER WELT EINMALIG IST – DAS GRÖẞTE UNTERIRDISCHE BASALTBERGWERK DER ERDE LIEGT UNTER MENDIG

Etwa 150.000 Jahre ist es her, dass der Wingertsbergvulkan nördlich von Mendig zum zweiten Mal einen Lavastrom ausfließen ließ, der zu 20 Meter mächtigen Basaltschichten erstarrte und Basaltsäulen mit bis zu 3 Meter Durchmesser bildete. Der Laacher-See-Vulkan schüttete bei seinem Ausbruch vor 13066 Jahren bis zu 30 Meter mächtige Bimsaschen über diesen Lavastrom. Schon im Mittelalter erkannten die Menschen in der Region, dass dort unten unter dem Bims ein Schatz liegt, ein besonderer Basalt, der nicht häufig zu finden ist: ein Mühlsteinbasalt, der viele Poren hat. Da seine Säulen auch noch so große Durchmesser haben, dass sich daraus Kraftmühlsteine mit Durchmessern bis zu zwei Metern herausarbeiten ließen, gruben sich die Mendiger bis zu 30 Meter in die Tiefe und bauten dort unten den Basalt ab. Unter dem alten Mendig, rund um die Brauerstraße, entstand eine Mühlsteinfabrikation nach der anderen, jahrhundertelang wurden Mühlsteine produziert. An Göpelwerken, das waren große Winden, die von Pferden, Ochsen oder auch Menschen gedreht wurden, wurden die fast fertigen tonnenschweren Mühlsteine nach oben gezogen und dort fertig bearbeitet. Auf drei Quadratkilometern war Mendig einst unterhöhlt, große Bereiche der unterirdischen Lavakeller wurden in jüngerer Zeit durch Tagebaue zerstört, über ein Quadratkilometer ist heute noch erhalten. Das Betreten der Lavakeller ist verboten, die Gefahr sich zu verirren ist groß, einen Ausweg aus der Dunkelheit gibt es dann vielleicht nicht mehr. Aber zwei Bereiche sind für Besucher hergerichtet: der Lavakeller des Vulkanmuseums Lava-Dome und der Lavakeller der Vulkan-Brauerei.

Jahrhunderte schon wurde unter Mendig Basalt abgebaut, als Mitte des 19. Jahrhunderts ein Braumeister aus Neuwied vorbeikam und erkannte, dass sich dort unten in der steten Kühle von 8 °C hervorragend Bier brauen ließe. 1839 ließ sich hier die erste Brauerei nieder, im Laufe der Jahre wurden es 28, Mendig hatte derzeit 2800 Einwohner. 1876 erfand Carl Linde die Kühlmaschine, das Aus für die Mendiger Brauereien war damit besiegelt.

Der Besuch der Mendiger Lavakeller ist beeindruckend, wir bedenken dabei, dass diese gewaltigen Keller in reiner Handarbeit entstanden sind. Nur Schlägel, Hammer und Brechstange wurden als Werkzeuge genutzt, eine Basaltsäule nach der anderen wurde freigekeilt, umgeworfen und in mühlsteingroße Scheiben gespalten, erst in der jüngsten Zeit wurde Pressluftwerkzeug eingesetzt. 1908 waren 403 Betriebe im Basaltabbau tätig, die danach langsam verschwanden. 1964 schloss der letzte Mendiger Untertage-Abbau.

KFZ-NAVI/PARKPLATZ

Brauerstraße 1, 56743 **Mendig**

EMPFOHLENER WANDERWEG

Eine Wanderung kann für den Lavakeller nicht empfohlen werden, stattdessen lohnt es sich, vor dem Besuch des Kellers den Lava-Dome, das Deutsche Vulkanmuseum zu besichtigen. Wenn Zeit bleibt, geht es noch auf die Museumsley am Ende der Brauerstraße, um die vielen Exponate aus der Zeit des Basaltabbaus zu besichtigen.

WEBLINKS

https://www.eifel.info/a-lavakeller
https://vulkan-brauerei.de/
https://www.cafe-caldera.de/

NETTEDURCH-BRUCH RAUSCHERMÜHLE

RAUSCHEND FLIEẞT DIE NETTE DURCH DIE STROMSCHNELLEN HINTER DER RAUSCHERMÜHLE. DER FLUSS HAT SICH HIER DURCH EINEN LAVASTROM HINDURCHGEFRESSEN.

Vor etwa 200.000 Jahren war der Eifelvulkanismus etwas südlich der Rauschermühle sehr aktiv. Südlich von Plaidt entstanden die Wannenköpfe, eine größere Gruppe nicht allzu großer Schlackenkegel. Aus einigen von ihnen flossen Lavaströme aus und fanden eine Rinne, durch die sie hindurchfließen konnten: das damalige Tal der Nette. Der Nette war nun ihr einstiger Weg zum Rhein versperrt, lange Zeit floss sie westlich der neu entstandenen Mauer aus Basaltlava entlang, bis es ihr gelang, an der heutigen Rauschermühle diesen Basaltlavastrom zu durchbrechen und dann auf einem neuen, kürzeren Weg in den Rhein zu fließen.

Das Flüsschen Nette entspringt bei Kempenich und fließt durch die ganze Osteifel, um schließlich gegenüber von Neuwied in den Rhein zu münden. Hinter Mayen hat die Nette ein wunderbares Tal in den Untergrund gefressen, wahrscheinlich wurde sie schon vor vielen Jahrhunderten als Transportweg für Mühlsteine aus dem Eifeler Mühlsteinrevier bei Mayen ans Rheinufer benutzt. Große Schiffe befuhren die Nette nicht, aber flache Flöße als Transportmittel einzusetzen, wird möglich gewesen sein. Natürlich sind die Flöße nicht durch die Stromschnellen gekommen, hier musste dann wohl umgeladen werden.

Wir können diesen Durchbruch auf einem schönen Wanderweg durchqueren, etliche Infotafeln erläutern das hier Geschehene, und wir entdecken bei genauer Suche am linken Netteufer römische Bergbauspuren. Da die Nette den Basalt wohl in der letzten Eiszeit schön freigelegt hatte, machten sich einst die Römer hier an die Arbeit und bauten Basalt ab.

Vor der Exkursion empfiehlt sich allerdings ein Besuch im Vulkanparkzentrum Rauschermühle. In diesem großen Informationszentrum erfahren wir sehr viel über den Eifelvulkanismus und können mit mehr Erfahrung im Gelände unterwegs sein… und auch mehr erkennen. Denn mit dem Vulkanismus in der Eifel ist es ja oft so eine Sache. Die Vulkanologen erzählen die wildesten Geschichten, und dann stehen wir da und sehen eigentlich nicht viel. Im Vulkanparkzentrum an der Rauschermühle aber wird uns vieles klar, und zudem ist dieser Ort auch noch ausgesprochen wild und schön. Insbesondere im Winter, wenn es ordentlich geregnet hat, schießen die Wassermassen des kleinen Flüsschens Nette durch die Stromschnellen. Wie heftig das sein kann, können wir erahnen, wenn wir die dicken Baumstämme sehen, die der Fluss mitgebracht hat und die in den Felsen hängengeblieben sind. Im Sommer hingegen ist es ein friedlicher Ort, auf den Kiesbänken im Bachbett lässt es sich trefflich sitzen und die Kinder können ungefährdet im Wasser spielen.

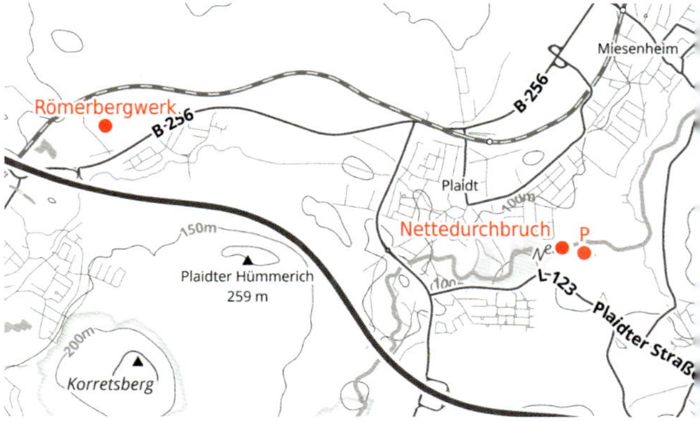

KFZ-NAVI/PARKPLATZ

Rauschermühle 6, 56637 **Plaidt**

EMPFOHLENER WANDERWEG

Von der Rauschermühle führt ein ausgeschilderter Wanderweg zum Römerbergwerk Meurin, in dem schon die Römer unterirdisch Tuff abbauten, der bspw. im Kölner Ubiermonument verarbeitet wurde.

WEBLINKS

https://www.eifel.info/a-vulkanpark-infozentrum
https://www.roemerbergwerk.de/

BURGRUINE WERNERSECK

EINE PRACHTVOLLE, RESTAURIERTE BURGRUINE AUF EINEM FELSSPORN AUS DEVONISCHEM SCHIEFER HOCH ÜBER DER NETTE.

Was ist so wichtig daran, dass diese Ruine auf devonischem Gestein steht? Rundum sind nur Vulkankegel und Lavaströme, die in erdgeschichtlich jüngster Zeit entstanden sind. Im Erdzeitalter Devon aber entstanden die Gesteine, die die Eifel bilden, Sandsteine und Schiefer mit bis zu 10.000 Metern Mächtigkeit, sie wurden vom heran driftenden Kontinent Afrika im Erdzeitalter Karbon zum Variszischen Gebirge aufgefaltet, welches wieder verwitterte und dessen Rumpf das heutige Rheinische Schiefergebirge und somit auch die Eifel bildet. Die Eifel ist vom Grunde her devonisch und die Vulkane sitzen nur wie kleine Pickel obenauf. Ruine Werner-seck ist einer der schönsten Orte, um devonische Gesteine kennenzulernen. Wir kommen auf dem Wanderweg vom Parkplatz bei Plaidt um die Ecke, vor uns liegt die Burg, aber am Wegesrand links sehen wir sehr schöne Schiefergesteine, die auch noch durch tektonische Vorgänge schräggestellt sind. Es sind keine massigen Sandsteinbänke, sondern meist nur wenige Zentimeter dicke Schichten aus einem nicht allzu harten Schiefer – dies ist das Gestein, das dem Gebirge seinen Namen gibt. Bei schönem Sonnenschein sehen wir zahlreiche Eidechsen in der Sonne sitzen, die schnell verschwinden, wenn wir uns nicht genug vorsichtig nähern.

Zum Ende des 14. Jahrhunderts gab es in dieser Region Gebietsstreitigkeiten zwischen Kurköln, Kurtrier und den Grafen von Virneburg, alle erhoben Ansprüche auf die Pellenz. Der Trierer Erzbischof Werner von Falkenstein schuf Tatsachen, ließ diese Grenzburg erbauen und machte damit klar, dass diese Region zu Trier gehörte. Ursprünglich war die Burg deutlich kleiner, im ersten Viertel des 15. Jahrhunderts ließ Erzbischof Werner die zweite Ringmauer erbauen und die Burg erreichte die heutige Größe. Dann aber hatten die Trierer ihr Herrschaftsgebiet über die Pellenz ausgedehnt, die Burg war als Grenzfeste nicht mehr notwendig und Wernerseck wurde Amtssitz der trierischen Vogtei Ochtendung. 1541 wurde der Amtssitz nach Ochtendung verlegt, die Grafen von Eltz erhielten die Burg als Lehen, waren aber eher an den dazugehörigen Ländereien interessiert als an der Burg selbst, die nun allmählich zu verfallen begann. Seit 1963 ist die Burg im Besitz der Gemeinde Ochtendung, die seither umfangreiche Sanierungsmaßnahmen durchgeführt hat, die 2019 beendet wurden. Dieses geschichtliche Prachtstück wurde dadurch vor dem Verfall gerettet.

Wir verlassen die Burg durch eine Pforte auf der Rückseite, erklimmen den Berg, finden hier einen wunderschönen Picknickplatz sowie ganz oben eine Gedenkstätte, ein Heiligenhäuschen und eine wunderschöne Aussicht.

KFZ-NAVI/PARKPLATZ

Ende Wankelburgsweg, 56637 **Plaidt** – Parkplatz unter der Autobahnbrücke *oder* Vulkanparkzentrum Rauschermühle in **Plaidt.**

EMPFOHLENER WANDERWEG

RPL3 – Burgruine Wernerseck – Rundweg 10 km ab Vulkanparkzentrum Rauschermühle *oder* kurzer Weg vom Parkplatz Gottschalksmühlenweg, dort 300 Meter geradeaus und dann weiter auf dem Wanderweg RPL3 – die Burgruine ist ausgeschildert.

WEBLINKS

https://www.eifel.info/wandern/wanderwege/a-rundweg-burgruine-wernerseck
https://entdecke.dein-nrw.de/de/dein-nrw/streaming/detail/POI/p_100131938/burgruine-wernerseck

ETTRINGER BELLERBERG UND KOTTENHEIMER WINFELD

KAUM VORSTELLBAR, DASS HIER EINST EUROPAS GRÖẞTE MÜHLSTEININDUSTRIE ANSÄSSIG WAR UND SICH HUNDERTE KLEINER MÜHLSTEINGRUBEN ANEINANDERREIHTEN.

Wir folgen dem Traumpfad auf den Gipfel des Bellerberges und blicken rundum auf die drei Lavaströme, die dieser Vulkan Richtung Kottenheim, Ettringen und Mayen ausfließen ließ – sie lieferten allerbesten porösen Mühlsteinbasalt. Dieses Vorkommen ist einzigartig in Europa und führte dazu, dass schon während des Neolithikums im Kottenheimer Winfeld Reibsteine hergestellt wurden. Während der römischen Besatzungszeit der Eifel entstand im Raum Mayen-Ettringen-Kottenheim eine Mühlsteinindustrie, die bis ins 20. Jahrhundert produzierte, über 20 Millionen Reibsteine und Kraftmühlsteine wurden hergestellt und durch halb Europa verhandelt. Nach Norden floss der Lavastrom des Winfeldes, nur einen Kilometer lang, aber 60 Meter dick. Wir durchwandern das Winfeld auf dem Traumpfad und sehen eine Landschaft, die vollkommen aus der Urzeit zu stammen scheint, aber menschgemacht ist. In große Höhen recken sich die Basaltsäulen, immer wieder gelangen wir in vollkommen verborgene Winkel. Diese gewaltigen Schluchten, in denen man sich scheinbar hemmungslos verlaufen kann, sind zum größten Teil mit Hammer und Meißel entstanden. Jahrhundertelang gruben sich die Steinbrecher in die Tiefe und legten eine gewaltige Basaltsäule nach der anderen um. Mit Göpelwerken wie in Mendig wurden auch hier die schweren Basaltsteine aus der Tiefe nach oben gezogen und dort zu fertigen Mühlsteinen oder Werksteinen weiterbearbeitet. Erst im 19. Jahrhundert wurden elektrische Kräne mit Motor erbaut, deren Reste fotogen in vielen Ecken der Basaltsteinbrüche stehen. Anfangs wurden die Mühlsteine mit Fuhrwerken nach Andernach an den Rhein gebracht, um dort verladen zu werden, erst später fuhr eine Eisenbahn von Mayen über Kottenheim an den Rhein. Am Kottenheimer Bahnhof lagerten gewaltige Stückzahlen an Mühlsteinen. Richtig in Fahrt kam der Basaltabbau noch einmal in der zweiten Hälfte des 19. Jahrhunderts durch die Industrialisierung des Ruhrgebiets. Für Straßen wurden Pflastersteine benötigt, für Eisenbahnen Gleisschotter. Ein großer Teil dieses Materials kam hier aus der Osteifel und tatsächlich gab es auch hier den Pflastersteinschläger. Dutzende Männer hämmerten im Akkord Pflastersteine zurecht. Wer das nicht konnte, zerschlug mit dem Hammer Basaltabfälle zu Straßenschotter, gewaltige Schottermengen wurden benötigt und erst Ende des 19. Jahrhunderts wurden Basaltbrechwerke erbaut, die mit ohrenbetäubendem Lärm den Basalt zerkleinerten. Selbst alte Halden wurden zu Gleisschotter aufbereitet und brachten darunter Zeugnisse aus der Römerzeit zutage.

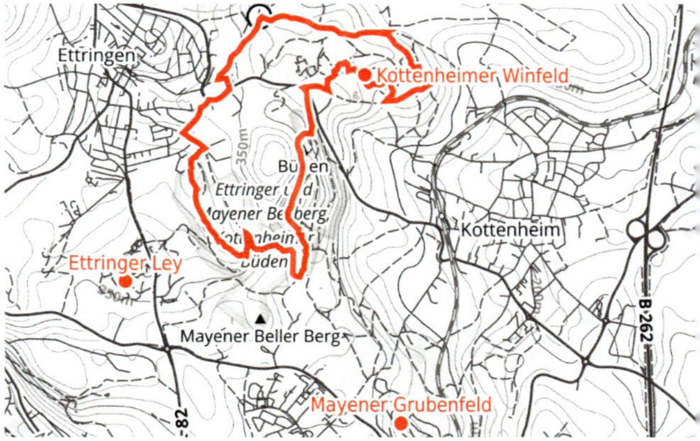

KFZ-NAVI/PARKPLATZ

Hochsimmerhalle Ettringen, Kottenheimer Straße 31, 56729 **Ettringen**

EMPFOHLENER WANDERWEG

Traumpfad »Vulkanpfad«

WEBLINKS

https://www.traumpfade.info/pfad/traumpfad/vulkanpfad/
https://www.muehlsteinrevier.de/
https://expedition-rheinland.de/muehlsteinrevier-rhein-eifel

SCHIEFERGRUBE FUCHSLOCH

AM EINGANG IN DIE UNTERWELT – TIEF AUS DEM BERG KOMMT DER SCHIEFER.

Vom Wanderparkplatz folgen wir dem Nette-Schieferpfad hangabwärts durch den Ort Trimbs zur Nette und gehen am Fluss entlang, bis sich der Pfad in einigen Serpentinen den Mühlenberg hinauf windet. Oben laden einige großartige Aussichtspunkte zur Pause ein, der Blick schweift über die großen Schieferhalden. Folgen wir dem Pfad weiter, zweigt nach 300 Metern links ein Pfad hangabwärts ab, vielleicht hängt noch eine kleine Hinweistafel – sonst helfen hier die GPS-Daten! Ein kleines Stück runter und dann liegt rechts im Gebüsch der Eingang in den Stollen der Schiefergrube »Fuchslochs«. Der Eingang ins Schieferbergwerk ist heute halb verschüttet und dort hineinzukriechen ist wahrscheinlich lebensgefährlich, aber die Bergleute gingen hier hinein und bauten den Schiefer ab, über 200 Meter tief führen die Stollen in den Berg. Untertage wurden große Blöcke des Schiefers in Handarbeit gebrochen und ans Tageslicht geschleppt, dabei entstanden Kammern von 5-6 Metern Höhe und Breite.

Wer nicht den ganzen Schieferpfad wandern will, geht den Pfad hangabwärts durch die Schieferhalden (Trittsicherheit erforderlich), erreicht bald wieder den Nette-Schieferpfad und folgt ihm nach rechts zurück zum Parkplatz.

In der Region um Kaisersesch, Kaifenheim, Mayen und Trimbs wird der geologische Untergrund von Gesteinen der Hunsrückschiefer-Fazies gebildet, die in die unterdevonische Siegenstufe gehört. In der Region von Trimbs und Welling werden die Rüscheid-Schichten abgebaut, die eine Mächtigkeit von bis zu 2000 Metern besitzen können und zahlreiche Dachschieferpartien aufweisen. Der Dachschiefer ist besonders fest und durch tektonische Beanspruchung sehr gut spaltbar. Die Schieferungsflächen zeigen meist durch Auflage von Glimmern einen matten Seidenglanz. Glimmer sind Schichtsilikate, deren Atome nicht in komplizierteren Gerüststrukturen, sondern in Lagen angeordnet sind und deshalb kleine Plättchen bilden. Der Dachschiefer ist sehr verwitterungsresistent und deshalb als Material zum Dachdecken oder für Hausfassadenverkleidung gut geeignet – anders als der wenig verfestigte Moselschiefer, auf dem Weinberge angelegt sind. In der Gegend um Trimbs gab es zu Hochzeiten 37 Schiefergruben, über 200 Jahre lang war der Schieferbergbau der wichtigste Wirtschaftsfaktor der Region. Die oberhalb von Trimbs gelegene Schiefergrube Wilbert besaß einen Förderschacht, auf der ein Förderturm stand, zwei Förderkörbe brachten die Bergleute in 180 Meter Tiefe und holten den Schiefer hinauf. Vom Förderschacht aus führten sechs Stollen in den Berg, die Grube wurde 1974 stillgelegt. 2019 endete der Schieferabbau auch in der Mayener Grube Katzenberg als letztes noch tätiges Schieferbergwerg der Osteifel. Die Firma Rathscheck Schiefer baut Schiefer jetzt in Spanien sowohl untertage als auch übertage ab.

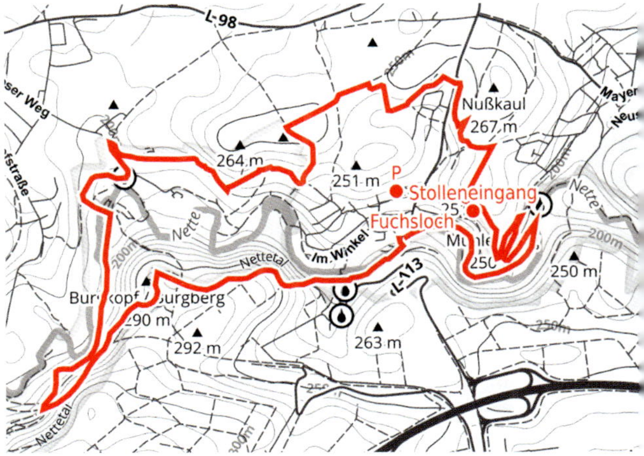

KFZ-NAVI/PARKPLATZ

Wanderparkplatz auf dem ehemaligen Sportplatz in 56753 **Trimbs,** Hauptstraße 32 – der Nette-Schieferpfad ist ab hier ausgeschildert.

EMPFOHLENER WANDERWEG

Nette-Schieferpfad

WEBLINKS

https://www.traumpfade.info/pfad/traumpfad/nette-schieferpfad/

BOOSER DOPPELMAAR

ZWEI MAARE UND ZWEI LAVABOMBEN – WIE VERLÄUFT DA DIE REKONSTRUKTION?

Zwei Maarkessel liegen direkt nebeneinander, früher enthielten sie Fischweiher, waren dann von Wiesen und Äckern bedeckt und sind jetzt eigentlich Trockenmaare, auch wenn sich im westlichen Kessel wieder eine Wasserfläche aufgestaut hat. Wir wandern an beiden Maaren auf dem Traumpfad vorbei, können auch leicht zwischen ihnen hindurch wandern, passieren acht Schlackenkegel, die rund um die Maare stehen und stoßen unterhalb des Booser Eifelturms auf die Wand einer alten Lavagrube mit Lavabomben, die in die damals noch weichen Tephra eingeschlagen sind. Ende 2024 war der Booser Eifelturm wegen Schäden gesperrt. Über den Stand der Sanierung gibt die Website Auskunft.

Beide Maare sind von deutlich erkennbaren Tephrawällen umgeben und gehören dem quartären Vulkanfeld der Eifel an. Für ihre Ausbrüche werden Zeitangaben von vor 35.000 bis vor 14.000 Jahren gemacht. Wahrscheinlich brachen vor etwa 35.000 Jahren in einem relativ kurzen Zeitraum – wahrscheinlich sogar gleichzeitig nebeneinander – acht Vulkane und die beiden Maare aus. Das ist erkennbar in der Lavagrube, denn hier wechseln sich feine Tuffschichten der Maare mit Lapilli und Schlacken der Vulkane ab. Wenn diese Schichten in Wechsellagen zu finden sind, mal Asche vom Maar, darauf wieder Tephra aus einem Schlackenkegel, zeigt dies, dass der Schlackenvulkan aktiv war und zur gleichen Zeit auch das Maar ausbrach, beide schleuderten ihre Tephren, die heute über- und untereinander zu finden sind, abwechselnd in die Luft.

In der Lavagrube, die auf dem Schneeberg unterhalb des Turmes am Rande des Traumpfades liegt, beobachten wir, was bei einem Vulkanausbruch – auch einem Maarausbruch – aus dem Krater herausgeschleudert wird. An der Wand können wir genau die feinen und groben Schichten auseinanderhalten und unterschiedliches Material identifizieren. Besonders auffällig aber sind die dicken Steine, die in die weichen Tephraschichten gefallen sind. Den Linken der dicke Brocken identifizieren wir unschwer als devonischen Sandstein, er wurde beim Maarausbruch aus dem Grundgebirge herausgeschleudert und gibt uns die Information, das unter den vulkanischen Ablagerungen 380 Millionen Jahre alte devonische Sandsteine liegen. Der rechte Brocken ist eine echte Lavabombe, das ist ein großer Lavafetzen, der ebenfalls aus dem Maar herausgeschleudert wurde, noch glühte, beim Flug durch die Luft eine aerodynamische Form bekam und abkühlte und dann als Bombe in die Tephraschichten einschlug. Beide Bomben scheinen genau in den gleichen Schichten gelandet zu sein und kamen wohl zeitgleich angeflogen.

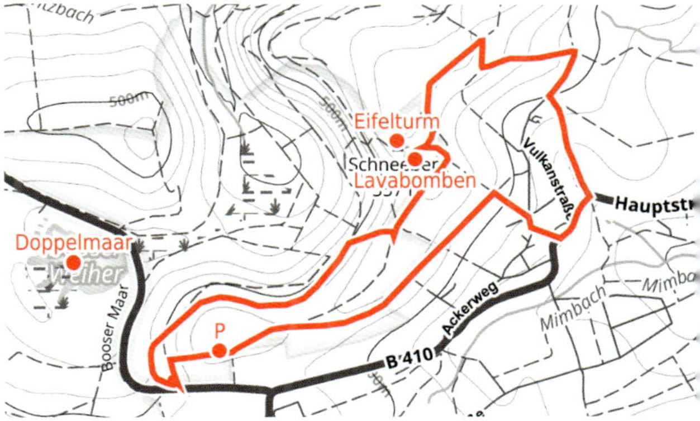

KFZ-NAVI/PARKPLATZ

Wanderparkplatz an der L 94 westlich **Boos,** Straße von Boos nach Brücktal

EMPFOHLENER WANDERWEG

Traumpfad »Booser Doppelmaar«

WEBLINKS

https://www.traumpfade.info/pfad/traumpfad/booser-doppelmaartour/
https://tourenportal.traumpfade.info/de/tour/wanderung/traumpfaedchen-eifelturmpfad-boos/25529133/
https://www.vulkanpark.com/entdecken/denkmaeler/booser-doppelmaar/

25

WASSERFALL DREIMÜHLEN

EIN WASSERFALL, DER TÄGLICH GRÖSSER WIRD UND DIE SPEKTAKULÄRSTEN BILDER IM EISIGEN WINTER LIEFERT

Der Nohner Wasserfall liegt in der Hillesheimer Kalkmulde, einem Gebiet mit nach unten gebogenen Erdschichten – eben einer Mulde – aus devonischem Kalkgestein. Wasser, das viel Kohlensäure enthält, löst den Kalk, dadurch verbreitern sich Klüfte und Spalten im Kalkstein zu Gängen und großen Höhlensystemen. Karst wird diese Form der Lösungsverwitterung genannt – Namensgeber ist die gleichnamige Landschaft in Kroatien und Slowenien. Das Wasser nimmt Säure auf, entweder entsteht durch das Kohlendioxid aus der Luft im Wasser Kohlensäure oder aus dem Boden lösen sich im Wasser Huminsäuren. Kaltes Wasser kann sehr viel CO_2 aufnehmen und enthält dementsprechend viel Kohlensäure, die den Kalk löst. Tritt nun das Wasser an einer Quelle aus dem Berg aus und sprüht am besten noch etwas durch die Gegend, entweicht das Kohlendioxid und der Kalk fällt wieder aus – es entsteht das Gestein Travertin (Kalktuff). Travertin ist im feuchten Zustand relativ weich, an der Luft trocknet er, wird hart und dadurch zum begehrten Baumaterial. Am Nohner Wasserfall wachsen Moose, um die sich der Kalk setzt, was die Moose nicht mögen. Deshalb wachsen sie schneller, um nicht vom Kalk umhüllt zu werden. Ein Gestein mit vielen Röhrchen entsteht, das Moos trägt dazu bei, dass der Travertin schneller nach oben wächst. Oberhalb des Ahbachs treten schon seit sehr langer Zeit einige Quellen aus, die stark kalkhaltiges Wasser führen, sie bildeten im Laufe der Zeit eine Stufe aus Travertin, auf der heute noch die Ruine der Burg Dreimühlen steht. Wir finden die Ruine nur 200 Meter vom Wasserfall entfernt auf der Anhöhe. Als 1912 die Trasse der Ahrtalbahn in Richtung Hillesheim verlängert wurde, wurden die Quellen eingefasst und gemeinsam in einer Rinne unter der Bahntrasse hindurchgeführt (wir erkennen den breiten Weg oberhalb des Wasserfalls als ehemalige Bahntrasse) und sprudelten den Hang hinab. Kalk fiel in Mengen aus, und die Bildung des Nohner Wasserfalls begann. Eine Nase aus Travertin bildete sich in Richtung Tal, in knapp über hundert Jahren ist sie über 12 Meter lang und über 5 Meter hoch geworden, und immer noch sprudelt das Wasser munter dort hinab und lässt den Kalkfelsen täglich wachsen. Diese Zahlen sind interessant, zeigen sie doch, dass es zur Bildung von Gesteinskomplexen nicht immer geologisch langer Zeiträume bedarf.

Eine Exkursion zum Wasserfall ist immer interessant, im Sommer picknickt es sich gut am Ahbach vor dem Wasserfall, richtig reizvoll wird es aber erst im Winter. Meterlange Eiszapfen hängen bei längerem Frost vom Wasserfall herunter und bilden eine einzigartige Kulisse. Das Highlight ist diese Szenerie dann in der Nacht, wenn wir den eingefrorenen Wasserfall beleuchten oder wenn früh morgens die Sonne über den Hang kommt und sich in den Eiskristallen bricht – nicht für verfrorene Zeitgenossen.

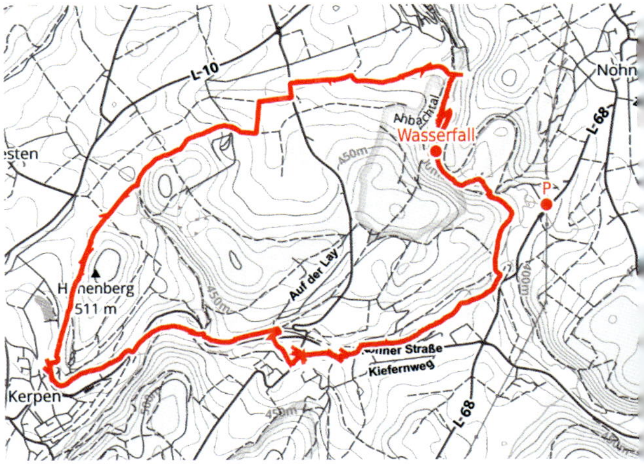

KFZ-NAVI/PARKPLATZ

Wanderparkplatz an der Nohner Mühle, Nohner Mühle 2, 54578 **Nohn**

EMPFOHLENER WANDERWEG

Wasserfallrunde Kerpen

WEBLINKS

https://www.gerolsteiner-land.de/a-wasserfall-runde-1

ELZWASSERFALL BEI DER BURG PYRMONT

UNTERHALB VON BURG PYRMONT STÜRZT SICH DER ELZBACH EINE FELSTREPPE HINAB UND BIETET BEI HOHER WASSERFÜHRUNG EIN IMPOSANTES SCHAUSPIEL.

Wasserfälle sind Orte, die fast immer spektakuläre Anblicke bieten – vor allem in Zeiten, in denen viel Wasser fließt. Ein Wasserfall mag im Sommer nur ein armseliges Rinnsal sein, im Herbst, wenn es ordentlich regnet oder im Frühjahr, wenn der Schnee schmilzt, schießen die Wassermassen den Fels herunter. Der Wasserfall des Elzbachs liegt versteckt und wird nicht von vielen besucht, was unverständlich ist, ist er doch wunderschön und bei starker Wasserführung auch imposant. Die Elz stürzt hier eine Felsstufe aus Sandsteinen der etwa 390 Millionen Jahre alten geologischen Formation Unterems (Unterdevon) hinab. Deutlich hat sich der Elzbach schon in den Felsen hineingegraben und zeigt uns die Erosionskraft des Wassers.

Sehr schön sichtbar sind die mächtigen Sandsteinschichten, die durch tektonische Bewegungen deutlich schräg gestellt sind und von links unten nach rechts oben verlaufen. Ursprünglich im Devonmeer abgelagert, lagen diese Sandsteine waagerecht, aber während der variszischen Gebirgsbildung im Karbon wurde die Eifel in große Falten gelegt, flach liegende Gesteinsschichten wurden durch seitlichen Druck schräggestellt. Wenn wir auf die schrägen Sandsteinbänke am Wasserfall blicken, müssen wir bedenken, dass es sich hier um einen kleinen Ausschnitt aus einem Gebirgsmassiv handelt. Wir hatten schon gelesen, dass die Eifel einst ein Hochgebirge war, das im Laufe von Jahrmillionen wieder erodiert und eingeebnet wurde. Die Gesteinsschichten des Elzwasserfalls haben ursprünglich wahrscheinlich in großer Tiefe mitten im Gebirge gelegen und witterten im Laufe der Zeit frei. Sie setzen sich vermutlich unter dem See in die Tiefe fort, verbiegen sich dort vielleicht und kommen an anderer Stelle wieder hervor.

Dass hier Schichten zu erkennen und zu unterscheiden sind, ist die Folge unterschiedlicher Sedimentation im Devonmeer. Lagen gröberen Sandes wechselten mit Lagen feinen Tons, durch Unterschiede in der Korngröße und/oder im Material entstanden unterscheidbare Schichten. Wäre nun eine solches Schichtenpaket 20 Meter dick und vollkommen gleichartig in Material und Korngröße, so wäre dies eine Schicht und wir könnten keine feinere Schichtengliederung unterscheiden.

Abgesehen von geologischen Beobachtungen lädt der kleine Weiher unter dem Wasserfall auch zu anderen Naturbeobachtungen ein, immer wieder schauen Wasservögel vorbei, manchmal flitzt ein kleiner blauer Pfeil über die Wasseroberfläche: Auch an dem Weiher unterhalb des Wasserfalls leben Eisvögel.

Und über allem thront mit ihrem trutzigen Bergfried Burg Pyrmont, groß, gut erhalten und restauriert. Die Burg kann an manchen Tagen besichtigt werden und lässt sich für festliche Events mieten.

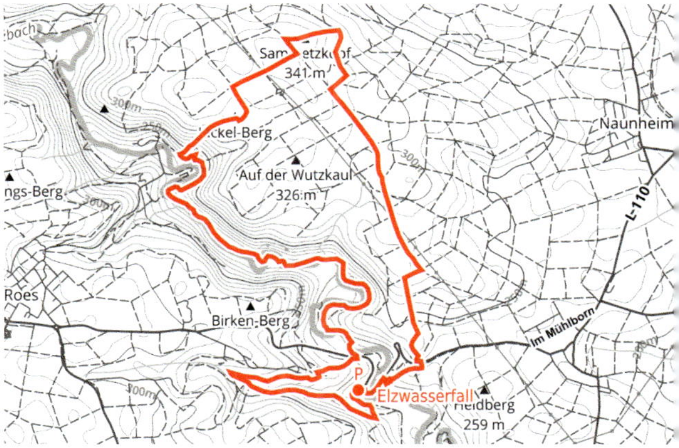

KFZ-NAVI/PARKPLATZ

56754 **Roes,** Parkplatz Pyrmonter Mühle (Elztal 1) – von dort 300 Meter bis zum Wasserfall.

EMPFOHLENER WANDERWEG

Traumpfad »Pyrmonter Felsensteig«, beginnt am Parkplatz der Pyrmonter Mühle.

WEBLINKS

https://www.traumpfade.info/pfad/traumpfad/pyrmonter-felsensteig/
https://www.burg-pyrmont.de/

SCHIEFERBERGBAU IM KAULENBACHTAL

LEBENSGEFÄHRLICHE ARBEIT UNTERTAGE IM EINST GRÖSSTEN SCHIEFERBERGWERK WESTLICH DES RHEINS.

In der Literatur stoßen wir auf diverse Schieferarten, manchmal ist nur der zu Gestein gewordene Schlamm gemeint, den wir aus Weinbergen kennen. Der wertvollste Schiefer jedoch ist der Dachschiefer, der aus feinkörnigen Sedimenten entstand, die in landfernen Schelfmeeresgebieten in 100 bis 200 Meter Tiefe abgelagert wurden. Die Schichtung der Sedimente wurde durch tektonischen Druck überprägt, es entstanden Schieferungsflächen, an denen das Gestein gut spaltet. Erst diese Schieferungsebenen erlauben die gute Spaltbarkeit in wenige Millimeter dicke Platten, die aus dem Schiefer ein hochwertiges Baumaterial machen – ein Schieferdach kann gut und gerne 200 Jahre halten. Und diese Schiefer wurden westlich von Kaisersesch im Raum Laubach – Müllenbach – Laienkaul in jedem Fall seit 1695, wahrscheinlich auch schon früher in tiefen Bergwerken abgebaut und war bis Mitte des 20. Jahrhunderts Haupterwerbsquelle der Menschen in dieser Region. Das Kaulenbachtal war einst das größte Schieferabbaugebiet westlich des Rheins. Zunächst wurde der Schiefer in Stollenbergwerken gewonnen, die in den Berg getrieben wurden, gegen Ende des 19. Jahrhunderts wurden Schächte für den Tiefbergbau abgeteuft. Bis 1959 wurde beste Schieferqualität gefördert, nach einem Wassereinbruch auf der letzten noch aktiven Grube Mariaschacht wurde der Abbau endgültig eingestellt.

Wir wandern von Maria Martenthal nach Norden auf dem Schiefergrubenwanderweg und sind erstaunt über die riesigen Abraumhalden, die das halbe Tal anfüllen. Hinab führt unser Weg ins Kaulenbachtal, vorbei an einigen Stollenmundlöchern zur Herrenwiese (die einst der Kirche und somit dem »Herrn Pastor« gehörte), dort können wir im ehemaligen restaurierten Spalthaus Picknickpause machen. Im oder am Spalthaus wurde der Schiefer zu Dachschieferplatten gespalten und zugerichtet, über den Bremsberg im Hintergrund des Hauses mit einer mit Seilwinde betriebene Lorenbahn hinauf nach Leienkaul gezogen und dort auf Fuhrwerke verladen, um ihn über die Eifelquerbahn zu verfrachten. Der ans Tageslicht gebrachte Schiefer musste bergfeucht bearbeitet werden, nur dann spaltete er gut, trockener Schiefer war schwer zu spalten und zerbrach oft. Neben dem Spalthaus war einst der Förderschacht des Müllenberger Dachschieferwerks, der von hier 21 Meter in die Tiefe reichte. Die Arbeit der Bergleute im Schieferbergwerk war gefährlich, davon berichtet die Wand mit Gedenkplatten hinter dem Spalthaus, die von schrecklichen Unfällen, vielen Toten und verlorenen Familien berichtet.

KFZ-NAVI/PARKPLATZ

56759 **Leienkaul,**
Parkplatz Kloster Maria Martenthal

EMPFOHLENER WANDERWEG

Schieferregion Kaulenbachtal, startet am Kloster.

WEBLINKS

https://www.eifel.info/wandern/wanderwege/a-schiefergrubenwanderweg
https://www.eifel.info/wandern/wanderwege/a-schieferregion-kaulenbachtal
https://www.schieferland-kaisersesch.de/a-kaulenbachtal

28

ENDERT-WASSERFALL »DIE RAUSCH«

ER RAUSCHT TATSÄCHLICH STARK, INSBESONDERE WENN DIE ENDERT VIEL WASSER FÜHRT: DER WASSERFALL BEIM KLOSTER MARIA MARTENTAL.

Einer der schönsten Wasserfälle der Eifel liegt im Wald unterhalb des Klosters Maria Martental, am schönsten ist er im Winter. Einerseits führt dann die Endert mehr Wasser und der Bach rauscht mit Getöse in die Tiefe, anderseits, wenn es richtig friert, bilden sich am Wasserfall nach einer gewissen Frostdauer oft meterlange, schöne Eiszapfen, auch die Umgebung wird vom sprühenden Wasser mit einer Eisschicht überzogen, überall bilden sich kunstvolle Eisgebilde.

Wir erreichen den Wasserfall auf einer kurzen Wanderung vom Parkplatz am Kloster, der Weg ist ausgeschildert. Vom Wasserfall können wir direkt weiter ins Schieferabbaugebiet Kaulenbachtal (siehe GPS-Daten). Wir sehen auf diesem Weg ausschließlich devonische Schiefer und auch am Wasserfall selbst erkennen wir das devonische Gestein. Aber warum ist hier ein Wasserfall entstanden? Wenn es keine menschlichen Arbeitsmaßnahmen gab, die dort eine Stufe anlegten, dann muss es einen geologischen Grund geben. Unterschiede in der Festigkeit des Gesteins sind dafür verantwortlich. Wir erkennen im Wasserfall schrägstehende Erdschichten mit relativ glatten Oberflächen, über die das Wasser herabschießt. Dies sind Schichtoberflächen, sie lagen ursprünglich waagerecht und waren Sedimentschichten im jetzt versteinerten Meeresboden des Devonmeeres. Aus irgendwelchen Gründen gab es in diesen Gesteinsschichten härtere und weichere Partien, sei es, dass unterschiedlich widerstandsfähige Sedimente abgelagert wurden, sei es, dass sekundär eine Imprägnierung durch quarzhaltige Lösungen erfolgte, was das Gestein ebenfalls härter gemacht hätte. In jedem Fall wurde das weichere Gestein wegerodiert, und es entstand eine 7 Meter hohe Stufe.

Von Ausnahmen wie dem Nohner Wasserfall einmal abgesehen, ist dies eine der häufigsten Entstehungsgründe von Wasserfällen in einem fließenden Gewässer. Ist die Landschaft jedoch älter und der Bach erst jung, dann mag der Grund tektonisch sein, das heißt, an Störungen bzw. Brüchen in der Kruste sind durch Bewegungen in der Erdkruste Verschiebungen entstanden, die eine Geländestufen haben entstehen lassen. Und nun kommt der Bach und fällt einfach dort hinunter.

Darüber machen wir uns Gedanken, wenn wir unterhalb des Wasserfalls auf der dort angeschwemmten Fläche sitzen und gemütlich picknicken. Gegenüber dem Bach sehen wir alte Gemäuer, die aus dem Schiefergestein der Umgebung errichtet sind.

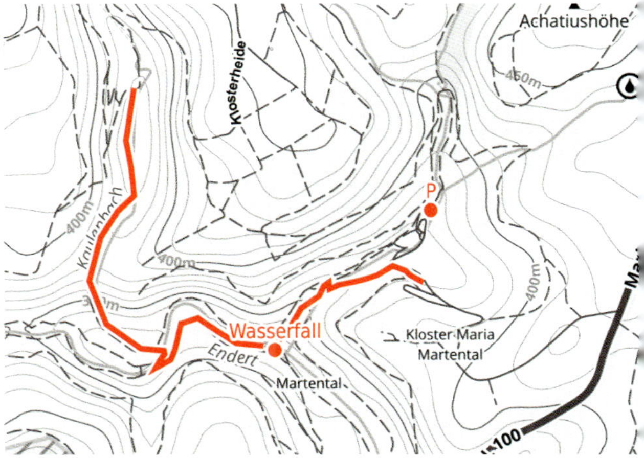

KFZ-NAVI/PARKPLATZ

Wallfahrtskirche Maria Martental, K15, 56759 **Leienkaul**

EMPFOHLENER WANDERWEG

Vom Parkplatz hinter der Klosterkirche führt ein gut ausgeschilderter Waldweg direkt zum Wasserfall und ggf. weiter in die Schieferhalden im Kaulenbachtal.

WEBLINKS

https://www.eifel.info/a-enderttal
https://www.kloster-maria-martental.de/

29

ULMENER MAAR UND MAARSTOLLEN

VOR 11.000 JAHREN ENTSTAND DAS ULMENER MAAR DURCH EINEN VULKANAUSBRUCH, ALS GLÜHENDES MAGMA AUF GRUNDWASSER TRAF – EINE SOGENANNTE PHREATOMAGMATISCHE ERUPTION. ES IST DER BISHER LETZTE UND JÜNGSTE VULKANAUSBRUCH IN DER EIFEL GEWESEN.

Ulmener Maar und Jungfernweiher sind wassergefüllte Maare an der A 48 von Koblenz nach Mehren. Seit 2023 sind sie durch einen 120 Meter langen Stollen verbunden, der an der engsten Stelle nur 70 cm breit ist, der Stollen ist jedoch überall beleuchtet und deshalb gut zu begehen. Der Maarstollen ist das ganze Jahr geöffnet, der Eintritt ist frei. Wir begeben uns auf Entdeckungstour, die uns zahlreiche Erkenntnisse über die Entstehung der Eifelmaare bringt. Ein Eingang findet sich in Ulmen am nördlichen Ende des Maares, der andere am südlichsten Zipfel des Jungfernweihers.

Schön ist eine Wanderung vom Parkplatz am Ulmener Campingplatz zum Maarstollen (ausgeschildert) und von dort auf die Burgruine oberhalb des Maares (durch den Ort ausgeschildert), von wo wir einen herrlichen Blick über das Maar haben. Am Westufer des Maares können wir sehr gut aufgeschlossene Lavaschichten beobachten. Der Weg führt wieder durch den Maarstollen zurück, wer mag, umrundet nun den Jungfernweiher auf der anderen Uferseite und kommt so zurück zum Parkplatz.

Über 60 Meter tief ist der Krater, den die phreatomagmatische Eruption in das devonische Grundgebirge gesprengt hat und der jetzt mit Wasser gefüllt ist. Rund um das Maar erhebt sich ein bis zu 20 Meter hoher Tephrawall, wie er für Maare typisch ist, er besteht überwiegend aus zertrümmerten devonischen Sandsteinen und Schiefern und enthält nur etwa 10 % vulkanische Gesteine. Die Gesteine dieser Maareruption sind in Ulmen an der Straße nördlich der Kirche gut aufgeschlossen und sichtbar. Unter den Lavaschichten des Ulmener Maares liegt Laacher-See-Bims, der Ausbruch erfolgte also nach dem Ausbruch des Laacher-See-Vulkans.

Der Jungfernweiher liegt in einer breiten Senke, die auf einen älteren und größeren Maarvulkan zurückgeht. Vulkanologen haben gebohrt und herausgefunden, dass die Seesedimente bis maximal 180 Meter tief herunterreichen, darunter stießen sie auf Vulkanite. Wahrscheinlich brach dieser Vulkan in der Eem-Warmzeit vor etwa 120.000 Jahren aus und hatte einen Kraterdurchmesser von etwa 1500 Meter.

Im Jahr 2024 wertete das Team des Karlsruher Seismologen Prof. Joachim Ritter geophysikalische Messungen aus den 1980er Jahren erneut aus und entdeckte unter dem Ulmener Maar flüssiges Magma in einer Tiefe von 10 bis 30 km. Der Vulkanismus unter dem Ulmener Maar ist aktiver als gedacht. Allerdings kann, so der Karlsruher Geologe Dario Eickhoff, dieses Magma dort schon seit Jahrtausenden stecken, und es gibt keine Anzeichen, dass es derzeit auf dem Weg nach oben ist. Der nächste Vulkanausbruch kann also noch etliche Jahrtausende auf sich warten lassen.

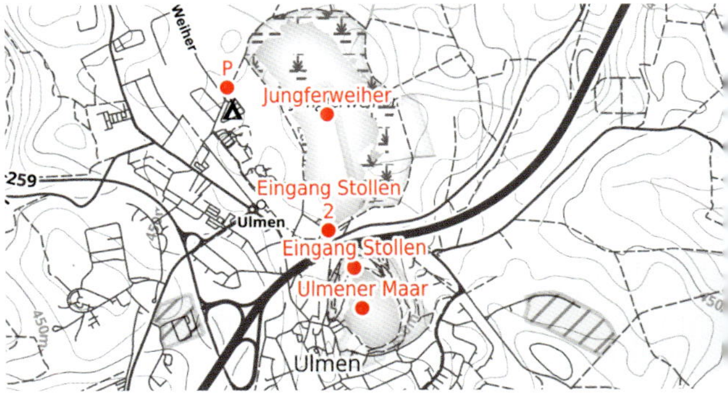

KFZ-NAVI/PARKPLATZ

Parkplatz am Campingplatz Jungfernweiher, Am Weiher, 56766 **Ulmen**

EMPFOHLENER WANDERWEG

Vom Campingplatz ausgeschilderter Weg am Ufer entlang zum Ulmener Maarstollen, durch den Stollen zum Ulmener Maar, ausgeschilderter Weg durch Ulmen hindurch auf die Burgruine hoch, Rundweg um das Maar, zurück durch den Stollen und den Rundwanderweg um den Jungfernweiher zurück zum Parkplatz.

WEBLINKS

https://www.eifel.info/a-ulmener-maar-stollen
https://www.eifel.info/a-ulmener-maar

ARENSBERG/ ARNULPHUSBERG

DURCH EINEN DUNKLEN TUNNEL GELANGEN WIR INS ZENTRUM DES VULKANS – DAS IST ABER AUSGEHÖHLT, UND WIR SIND WIEDER IN DER SONNE. TASCHENLAMPE FÜR DEN WEG NICHT VERGESSEN.

Vor 32 Millionen Jahren entstand beim ersten Ausbruch ein Schlackenkegel. Vor 24 Millionen Jahren stieg glühende Basaltlava im Vulkan auf, drängelte sich in den Schlackenkegel, breitete sich aus wie ein dicker Pfropfen und erkaltete zu Basaltgestein. Einst ragte dieser tertiäre Vulkan erheblich weiter aus der Landschaft heraus, aber im Laufe der Jahrmillionen wurden die wenig verwitterungsresistenten Schlacken und Tephra erodiert, der harte Basaltpfropfen, also der verbreiterte Schlot des Vulkans, blieb übrig und stand nun frei in der Landschaft, er wurde durch Steinbrucharbeiten abgebaut und ausgehöhlt.

Vom Wanderparkplatz am Nordrand von Zilsdorf laufen wir 1000 Meter bis zum Eingang in den Vulkan. Ja, er hat tatsächlich einen echten Eingang, vor uns tut sich ein Tunnel auf, durch den wir in den Vulkan gehen. Wichtig zu beachten ist, dass wir uns jetzt nicht in einem Vulkankrater befinden, sondern in einem Steinbruch! Das ganze große Loch, in dem wir stehen, wurde von Bergarbeitern herausgemeißelt, wir stehen im Schlot des Vulkans, ursprünglich war alles mit Basalt gefüllt. Überall ringsherum sehen wir Basaltsäulen hervorragen.

Auf dem Arensberg stand noch im Mittelalter eine Kapelle zu Ehren des heiligen Arnulphus, sie fiel den Steinbrucharbeiten zum Opfer. Eine neue Kapelle wurde erbaut, wir sind ihr auf dem Weg zum Berg begegnet.

Vor 32 Millionen Jahren – bereits im Zeitalter Tertiär – brach der Arensberg-Vulkan aus. Mit den jungen, quartären Vulkanfeldern der Osteifel und der Westeifel hat er nichts zu tun, wie Nürburg und Hohe Acht gehört er ins tertiäre Vulkanfeld der Zentraleifel. Der Arensberg, auch Arnulphusberg genannt, liefert ausführliche Informationen über die geologischen Einheiten und Sedimente im Untergrund des Vulkans. Dort liegen natürlich wie überall in der Eifel devonische Sandsteine, aber es finden sich dort unten auch Gesteine der Trias: Buntsandstein und Muschelkalk. Das wäre ohne den Arensberg nicht so einfach zu erkennen, denn an der Erdoberfläche sieht man den Buntsandstein erst 7 km weiter südöstlich, so dass man ohne Bohrungen nicht hätte sicher sein können, ob der Buntsandstein in dieser Region der Eifel überhaupt abgelagert wurde. Der Ausbruch des Vulkans aber sorgte für die notwendigen Beweise, denn als die Lava aus dem Erdinneren nach oben schoss, nahm sie aus dem Untergrund zahlreiche, teils auch große Felsbrocken aus Devongestein, Buntsandstein und weißem Muschelkalk mit – die wir nun im Tunnel erkennen können. Erdoberflächlich sind Buntsandstein und Muschelkalk weit rund um den Arensberg wegerodiert, aber der Tunnel durch den Schlackenkegel zeigt diese Gesteine in den Tephra des Vulkans, der Vulkan hat sie mit nach oben gebracht, also müssen sie dort unten auch vorhanden sein.

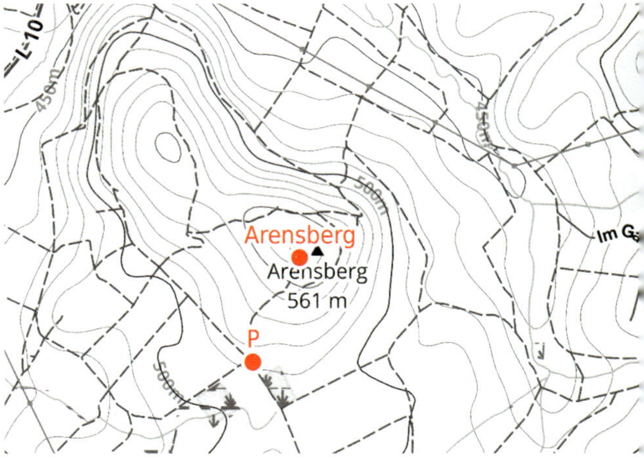

KFZ-NAVI/PARKPLATZ

Wanderparkplatz Arensberg nördlich von **Zilsdorf,** in Zilsdorf von der Hauptstraße in die Basaltstraße abbiegend und der Ausschilderung zum Arensberg folgen.

EMPFOHLENER WANDERWEG

Vom Wanderparkplatz führt der ausgeschilderte Weg in den Arensberg, etwa 1000 Meter.

WEBLINKS

https://www.eifel.info/a-arensberg-arnulphusberg-1

AUF DER SPUR DES EIFELOSAURUS

DIESER ORT IST NICHT SPEKTAKULÄR, ABER DASS HIER DAS FOSSIL DES EIFELOSAURUS GEFUNDEN WURDE, MACHT IHN ZUR SENSATIONSFUNDSTELLE.

Südlich von Oberbettingen bei Hillesheim liegt in den Sedimenten des Buntsandsteins der kleine, zugewachsene Steinbruch »Wolfskaul«, ein wildromantischer Ort. 100 Meter westlich des ausgeschilderten Wanderweges ist er erst auf den zweiten Blick im Wald zu erkennen, deshalb die GPS-Daten mitnehmen.

Die Ablagerungen des Buntsandsteins bieten die vielleicht schönsten Stellen der Eifel, rote, schroffe Felsen ragen steil empor wie bei Nideggen im Rurtal, aber auch in der Südeifel rund ums Kylltal und bei Gerolstein. Aber – im Vergleich zu den devonischen Sedimenten voller Korallen und Brachiopoden – sind die Gesteine des Buntsandsteins oft fossilleer. Es war auch eine öde Welt, nahezu wüstengleiche Sandlandschaften wurden von Flüssen durchzogen, die Verwitterungsmaterial aus dem französischen Ardennenhochland brachten und bis zu 300 Meter hohe Sand- und Kiesschichten über der Eifel ablagerten. Die Flusslandschaften waren der Lebensraum von Amphibien und Reptilien, die auf Sandbänken dösten – wie der kleine Eifelosaurus. Auch eine bescheidene Menge an Pflanzenfossilien liefert der Eifeler Buntsandstein. Einer jedoch kroch in jedem Fall an den Ufern dieser Flüsse entlang: der kleine Eifelosaurus. 1904 wurde im Steinbruch Wolfskaul bei Oberbettingen das 22 cm große Skelett eines Reptils gefunden – leider ohne Kopf, was die zoologische Zuordnung schwierig macht. Dennoch ist es ein sensationeller Fund für die Eifel, zurecht bekam er den Namen Eifelosaurus. Das Fossil wurde präpariert und liegt heutzutage im Goldfuss-Museum des Instituts für Paläontologie der Universität Bonn. Blieb die Frage der Rekonstruktion, wie sah das Tier lebend aus? Zwei Interpretationen entstanden, einerseits ein kleiner Saurier mit einem breiten entenartigen Schnabel, diese Rekonstruktion steht im Naturkundemuseum in Gerolstein. Manche Paläontologen waren aber der Ansicht, dieses Fossil müsse den Rhynchosauriern zugeordnet werden, einer während der Trias weit verbreiteten Pflanzenfressergruppe, die sich vor allem am charakteristischen Schädel mit seinem überhängenden »Schnabel« erkennen lässt. Eine Rekonstruktion dieser Art steht im Eifelmuseum in der Genovevaburg in Mayen. Wir besuchen diesen kleinen Steinbruch auf einer Wanderung durch die schöne Landschaft und philosophieren, welche Interpretation denn richtig sein mag und ob in den Felsen vor uns nicht doch noch ein weiteres Fossil stecken kann. Wie hier in Oberbettingen wurde der Buntsandstein für lokale Bauvorhaben abgebaut, er diente als Baustein für Häuser, Mauern und Bodenplatten.

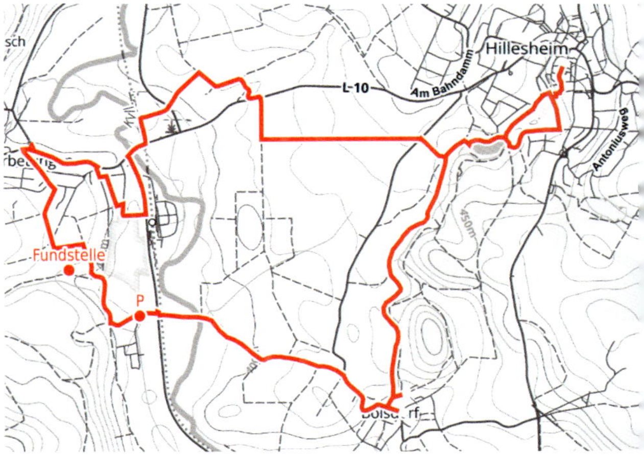

KFZ-NAVI/PARKPLATZ

Bahnhof **Oberbettingen**

EMPFOHLENER WANDERWEG

Komoot-Wanderung Bolsdorfer Tälchen – Stadtmauer Hillesheim, Runde von Oberbettingen.

WEBLINKS

https://www.komoot.com/de-de/smarttour/12749855
https://nkm-gerolstein.de/de/ausstellungen/palaeontologie-i.html
https://www.gerolsteiner-land.de/a-vulkane-wasser-eifelosaurus-oberbettingen

STEINBRUCH SCHLINK BEI HOHENFELS

WER HAT DENN SCHON EINMAL GESEHEN, WO EIN LAVASTROM UNTEN AUFHÖRT? IM STEINBRUCH SCHLINK SEHEN WIR GENAU DAS UND KÖNNEN DEN LAVASTROM SOGAR VON UNTEN ANSCHAUEN.

Ein Steinbruch wie aus dem Lehrbuch, ein 14 Meter mächtiger Basaltlavastrom, wie er schöner nicht sein kann, der Bergbau hat ihn in idealer Weise freigelegt. Wir sehen genau, wo der Lavastrom unten aufhört, er liegt auf einer leuchtend roten Sedimentschicht. Die glühende, über 1000 °C heiße Lava ergoss sich über die Landschaft und floss über eine sandig-tonige Schicht, die durch die Hitze regelrecht geröstet wurde. Die Grenze zwischen devonischem Sediment und aufliegendem Lavastrom können wir nirgends in der Eifel so gut untersuchen wie hier. Der mächtige Lavastrom kühlte langsam ab, oben und unten schneller als in der Mitte, bedingt durch die Kühle des Bodens unten und oben durch die Kühle der Luft. In der Mitte des Lavastroms bildeten sich mächtige Basaltsäulen aus einem rauen, porigen Basalt, der ideal für die Herstellung von Mühlsteinen war. Oben und unten erkennen wir eine jeweils etwas hellere, deutlich abgegrenzte Basaltschicht, sie ist schneller abgekühlt, ist glasiger, feinkörniger und dichter als der mittlere Teil und für Mühlsteine nicht geeignet. Aus diesen Partien wurde Schotter für Straßen und Eisenbahnen gemacht.

1923 begann die Geschichte des Steinbruchs, als Josef Schäfer aus Mayen in der Gegend um Daun ein geeignetes Basaltvorkommen und hier bei Hohenfels den besten und hochwertigsten Basalt fand, der sich für Werksteine, Denkmäler und große Mühlsteine finden ließ. 1930 begann die Produktion, die in erster Linie Basaltkreuze und Mühlsteine für Kollergänge herstellte. Ein Kollergang bestand aus drei Steinen, einem großen liegenden Mühlstein und zwei kleineren, abgeschrägten, die sich auf dem großen im Kreis drehten, Kollergänge wurden im Steinbruch Schlink überwiegend für die Papierindustrie hergestellt, um vor allem Lohe (Baumrinde) für Gerbereien und Holz für Papier zu zermahlen. Den Mayener Mühlsteinen war der Hohenfelser Zähbasalt deutlich überlegen. Während die Mayener sich mit der Zeit abnutzten und glatt wurden, blieb der Zähbasalt immer rau. Weiterhin wurden in Hohenfels Steinkreuze hergestellt, teils meterhohe, die als Denkmäler in die Landschaft ragen, teils kleine Kreuze für Grabstätten. Größter Auftraggeber war hier in den Nachkriegsjahrzehnten die Deutsche Kriegsgräberfürsorge. Kreuze aus Hohenfelser Basalt stehen heute auf zahlreichen Soldatenfriedhöfen in der Region und europaweit, z.B. in Kirchweiler, Gerolstein, Daleiden, Alf an der Mosel, in Frankreich und in Luxemburg (Sandweiler), in Tobruk in der libyschen Wüste und in El Alamein in Ägypten.

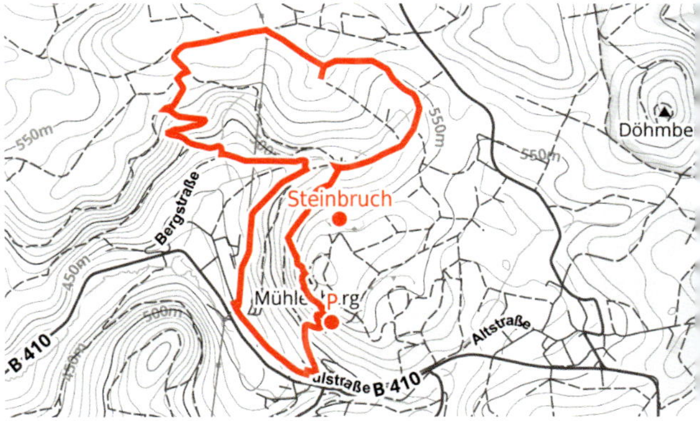

KFZ-NAVI/PARKPLATZ

Der Steinbruch Schlink ist mit dem PKW nicht zu erreichen. Am besten machen Sie eine Tour zu den Mühlsteinhöhlen Hohenfels (Highlight 33) und wandern von dort einen Kilometer zum Steinbruch Schlink.

EMPFOHLENER WANDERWEG

Auf dem Zähbasaltweg erreichen wir den Steinbruch, nachdem wir die Mühlsteinhöhlen passiert haben.

WEBLINKS

https://www.heimatjahrbuch-vulkaneifel.de/VT/hjb2007/hjb2007.98.htm

https://eifelvulkane.wordpress.com/2020/12/14/grubensteckbrief-muhlenberg-hohenfels/#more-2678

33

MÜHLSTEINHÖHLEN BEI HOHENFELS

ES MUSS EINE SEHR HARTE ARBEIT GEWESEN SEIN, IN DEN ENGEN HÖHLEN MIT HAMMER UND MEIßEL METERGROßE MÜHLSTEINE FREI ZU HÄMMERN. GUT, DASS UNS DIESE ARBEIT HEUTE ERSPART BLEIBT.

Direkt am Ortsrand von Hohenfels-Essingen erhebt sich der Mühlenberg, auf dem sich eine große Basaltlavaplatte findet. Durch Steinbrüche wurde sie im Süden und Norden des Berges angeschnitten. Der Vulkanismus begann hier mit dem Auswurf von Tephra, die heute eine Tuffschicht bilden. Später floss Basaltlava aus, die die über dem Tuff liegende Basaltplatte bildete, auf diese schleuderte der Vulkan Schweißschlacken, in denen sich die Mühlsteinhöhlen finden. Zugedeckt wurde alles wiederum von Tuffschichten, die aber heute zum großen Teil verwittert sind. Im oberen Bereich ist die Basaltlava so porös, dass sie als Werkstein verwendet werden konnte (Highlight 32 – Steinbruch Schlink). Zwei Schlackenkegel entstanden an der Westseite des Mühlenbergs, von hier stammt der Lavastrom, der im Steinbruch Schlink abgebaut wird. Dieser Vulkan entstand vor 860.000–560.000 Jahren. Beide Orte lassen sich gut auf einer Tour besuchen und ergänzen sich vulkanologisch.

Vom Parkplatz folgen wir dem ausgeschilderten Wanderweg in das Gebiet der Mühlsteinhöhlen auf dem Mühlenberg und gelangen in eine urige Landschaft, sie wirkt mystisch wie aus einem Fantasyfilm. Unter riesigen Buchen und zwischen Farnen erstreckt sich eine zerklüftete Landschaft aus Schweißschlacken, die der Vulkan einst ausspie. Das Gelände ist zerfurcht, überall führen kleine Tälchen durch schroffe Felsen hindurch. In etlichen Höhlen wurden Mühlsteine abgebaut. Bis in die Neuzeit hinein waren dies wohl die bedeutendsten Mühlsteinbrüche der Westeifel. An den Südhängen des Mühlenberges liegen ausgedehnte, modernere Steinbrüche, die aber auch längst aufgegeben sind. Wann die Menschen begannen, hier Mühlsteine anzubauen, ist nicht bekannt. Der Historiker Fridolin Hörter fand an der Nordseite des Berges in den Blockhalden des Steinbruchs Schlink Rohlinge für römische Mühlsteine, typisch dafür sind die Maße und charakteristische Schlagmale. Auch ist dieses Blockmeer ein Zeichen dafür, dass der Vulkan relativ alt ist, denn es dauert lange Zeit, bis ein Basalt in derartige Blöcke zerfällt.

Spannend sind die Mühlsteinhöhlen, die vollkommen gefahrlos zu erforschen sind – auch für Kinder. Manche Eingänge sind offensichtlich und auch mit historischen Namen beschildert, andere sind eher versteckt und nicht auf den ersten Blick zu finden. In diesen Höhlen wurden große Kraftmühlsteine für Loh-, Papier- und Getreidemühlen hergestellt. Die Mühlsteine wurden in der Wand oder an der Decke der Höhle zurecht gemeißelt und dann mit schweren Keilen abgesprengt. In den Höhlen finden wir an etlichen Stellen noch in der Wand hängende, halbfertige Mühlsteine.

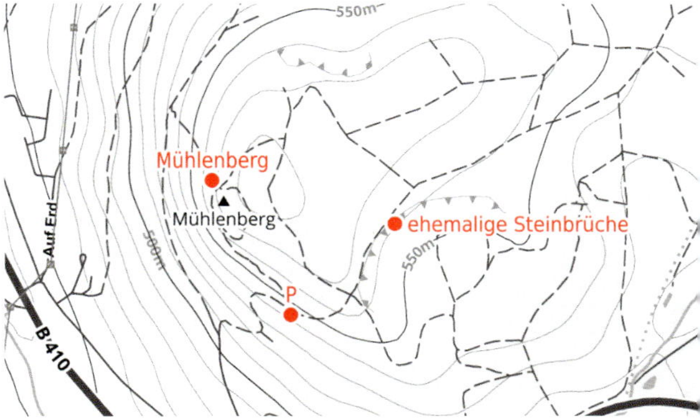

KFZ-NAVI/PARKPLATZ

Am Mühlenberg, 54570 **Hohenfels-Essingen** – der Straße bis ganz zum Ende und den Wegweisern zum Mühlenberg folgen, dort finden sich Parkplätze.

EMPFOHLENER WANDERWEG

Zähbasaltwanderweg, zudem ist ein Rundweg durch die Höhlenlandschaft gut ausgeschildert.

WEBLINKS

https://www.outdooractive.com/de/wanderungen/hohenfels-essingen/wanderungen-in-hohenfels-essingen/3611406/

https://www.eifel.info/a-eis-und-muehlsteinhoehlen-bei-hohenfels-essingen

ERNSTBERG

DER ZWEITHÖCHSTE BERG DER EIFEL VERWANDELT SICH IM MAI IN EINE HELLVIOLETTE MÄRCHENLANDSCHAFT: DIE MONDVIOLEN BLÜHEN.

Zwischen Hinterweiler und Waldkönigen liegt der Schlackenkegel des Ernstberges (auch Erresberg genannt), es ist ein 699 Meter hoher Schichtvulkan und damit der höchste Berg der Westeifel und der zweithöchste Berg der gesamten Eifel. Ein Schlackenkegel ist ein Vulkanberg, der bei einem Vulkanausbruch aus dem Nichts dem Erdboden entwächst, weil sich die Erde öffnet und mit hohem Gasdruck Lava herausgesprüht wird. Durch den Gasdruck wird die Lava im Flug zerfetzt, die Fetzen kühlen dabei meist so weit ab, dass sie nicht mehr nach der Landung auf der Erde verschweißen, sondern eine eher lockere Masse bilden – also einen Haufen aus vulkanischen Schlacken, der auch viele hundert Meter hoch werden kann.

Der Gipfel des Ernstberges besteht hingegen aus harten und massiven Schweißschlacken, die einen Kraterwall aufbauen, der nach Osten geöffnet ist. Durch diese Öffnung sind große Basaltmengen ausgeflossen, die am Osthang des Berges einen Halbkreis bilden. Auch in diesen Schweißschlacken wurden Mühlsteine abgebaut, auf dem Gipfel stoßen wir auf etliche große Mühlsteinhöhlen, in denen die Steine ab dem Mittelalter gebrochen wurden. 1930 wurde der Abbau eingestellt. Hier gibt es eine Höhle, die durch den Berg zur anderen Seite des Berges führt, sie ist aber leider verschlossen, weshalb die gewünschte Durchquerung des Berges leider ausfallen muss.

Der Weg vom Parkplatz zum Gipfel führt an einigen Schlackegruben vorbei, an denen die lockere Vulkanschlacke abgebaut wurde. Dieses Material finden wir auch auf dem Weg nach oben zum Gipfel. Auf dem Boden liegen gelegentlich größere Plättchen eines braunen Minerals herum, es ist Biotit, ein Schichtsilikat, das plättchenförmige, biegsame Kristalle bildet. Kristalle kennen wir meist in Form von Spitzen oder Säulen, bei Schichtsilikaten sind die Moleküle aber in planen Schichten angeordnet und bilden deshalb Scheiben statt Säulen. Biotit ist ein typisches und häufiges vulkanisches Mineral und findet sich in allen Schlackekegeln der Eifel. Weil es in der Sonne so schön glänzt, nennen die Eifler es Katzengold.

Der Wald auf dem Ernstberg wird im Mai und Juni zum Märchenwald, alles ist bedeckt mit zartviolett blühendenden Mondviolen. Je weiter wir nach oben kommen, desto mehr teils sehr mächtige Lavabrocken liegen herum und bilden eine bizarre Landschaft, überall umgeben von Mondviolen. Die Mondviolen gehören zu den Silberblättern, woher der Name kommt, zeigt sich zur Blütezeit, vor allem im Mondenschein. Nachts duften die Mondviolen stark fliederartig, aber auch tagsüber hängt dieser Duft leicht in der Luft. Nahezu auf dem Gipfel angekommen, bewahren uns einige Zäune davor, in die Tiefe zu den Mühlsteinhöhlen zu stürzen. 1978 wurde ein großer Teil des Ernstberges zur Erhaltung des Schlackenkegels unter Naturschutz gestellt.

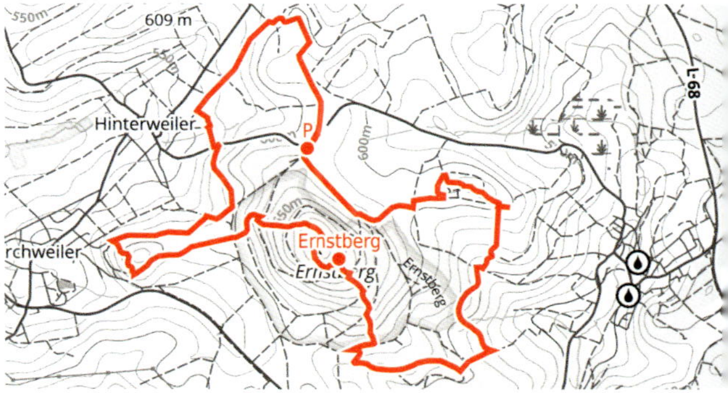

KFZ-NAVI/PARKPLATZ

Wanderparkplatz an der Hütte Ernstberg an der Straße von Hinterweiler nach **Waldkönigen,** an der höchsten Stelle am Gipfelkreuz. Der Weg zum Gipfel des Ernstberges ist von hier ausgeschildert.

EMPFOHLENER WANDERWEG

Von der Hütte Ernstberg den Wegweisern zum Gipfel folgen. GPS-Track mitnehmen. *Oder* einen der Ernstberg-Panoramawege.

WEBLINKS

https://www.gesundland-vulkaneifel.de/heimatspur-ernstberg-panoramaweg/
https://www.eifel.info/wandern/wanderwege/a-heimatspur-ernstberg-panoramaweg
https://www.eifel.info/a-lavagrotte-ernstberg

35

GEROLSTEINER DOLOMITEN MIT BUCHENLOCH-HÖHLE

UM IN DIE DOLOMITEN ZU REISEN, MÜSSEN WIR NICHT NACH SÜDTIROL, WIR ERKLIMMEN DIESE STEILEN FELSEN IN DER VULKANEIFEL.

Die Vulkaneifel besteht nicht nur aus Vulkanen, darunter liegen viel ältere Gesteine, meist aus Meeresablagerungen entstanden. Die Region der Eifel war im Erdzeitalter des mittleren Devons von einem flachen, warmen, tropischen Meer bedeckt, das wir uns wie das Rote Meer vorstellen können. In warmen Meeren bilden sich oft Kalkschlämme oder es entstehen Korallenriffe, die später zu Kalkstein werden. Wird der Kalk von magnesiumreichem Meer- oder Grundwasser durchströmt, werden Calcium-Ionen gegen Magnesium-Ionen ausgetauscht, und es entsteht das sehr harte Gestein Dolomit. Manchmal finden sich in ihnen noch Fossilien, so die Kalkalgen Dasycladaceen. Dolomit ist so verwitterungsresistent, dass er senkrecht stehende Felswände von tausend Metern und mehr Höhe bilden kann. Wir sehen dies in Südtirol, und auch wenn die Gerolsteiner Dolomiten etwas kleiner sind als die Südtiroler, so bilden sie ebenso steile harte Wände, zu sehen an der Gerolsteiner Munterley. Im Erdzeitalter Devon wuchs hier ein Riff aus Korallen und Stromatoporen, dessen Fossilien durch die Dolomitisierung zerstört wurden.

Wird ein Karbonatgestein wie Dolomit von kohlensäurehaltigem Wasser durchflossen, das durch Ritzen und Spalten strömt, löst sich das Karbonatgestein auf und wird weggeschemmt. Die Kohlensäure entsteht, wenn sich CO_2-Gas im Wasser löst und sich H_2CO_3 (Kohlensäure) bildet. In der Eifel kann das CO_2 aus dem vulkanischen Untergrund kommen oder aus der Luft im Wasser gelöst werden. Man nennt diese Lösungsverwitterung von Kalkstein Karstbildung, dabei entstehende Höhlen heißen Karsthöhlen. Oben auf der Munterley war so eine Spalte im Karbonatgestein, durch die kohlensäurehaltiges Wasser lief, das dann im Laufe vieler Jahrtausende aus der Spalte eine Höhle machte, die Buchenlochhöhle. In dieser fanden Archäologen viele Überreste eiszeitlicher Säugetiere und Nachweise, dass hier altsteinzeitliche Menschen zumindest zeitweise wohnten. Wir sollten den Anblick dieser Höhle, die vollkommen gefahrlos betreten werden kann, genießen und uns dabei bewusst werden, dass alle großen Höhlen der Welt genauso entstanden sind wie die kleine Buchenlochhöhle. Es gibt keine großen Höhlen in Vulkanen und Vulkansystemen, auch nicht in Sandsteinen oder ähnlichen Sedimenten. Alle großen Höhlensysteme der Welt finden wir in Kalksteinen, und sie sind durch Karstverwitterung entstanden.

KFZ-NAVI/PARKPLATZ

Bahnhof **Gerolstein**

EMPFOHLENER WANDERWEG

Vom Bahnhof dem ausgeschilderten Wanderweg »Gerolsteiner Felsenacht« oder »Gerolsteiner Felsenweg« folgen, er startet ziemlich steil nach oben auf die Munterley. Er führt durch die Dolomiten und zurück zum Bahnhof, hier dann die zweite Runde der »8« anhängen (17 km) oder Schluss machen, dann waren es bis hier etwa 9 km.

WEBLINKS

https://www.gerolsteiner-land.de/a-gerolsteiner-felsenpfad

https://www.eifel.info/a-buchenloch-hoehle

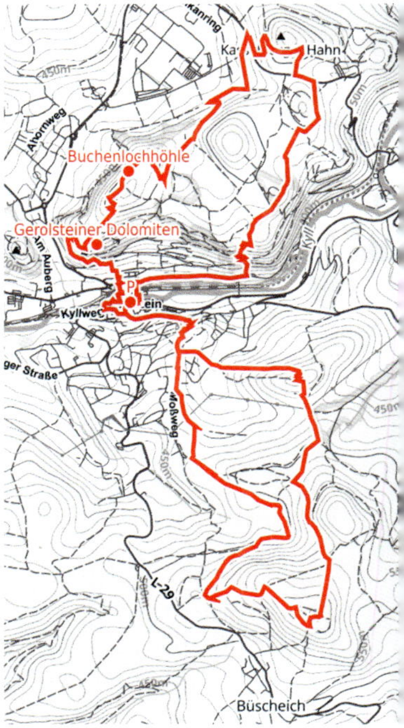

ROTHER KOPF MIT EISHÖHLEN

IM SOMMER, WENN DER GINSTER BLÜHT, IST ES EINE WELT WIE HÖLLE UND HIMMEL – NACH DER ERFORSCHUNG DER DUNKLEN, KALTEN HÖHLE HINAUF, DEM HIMMEL ENTGEGEN, EIN BERG VON GELBEM GINSTER.

Stellen wir uns einen lavaspeienden Vulkan vor, der riesige glühende Lavafetzen ausschleudert, die an seiner Flanke aufgetürmt werden und zu harter Lava verschweißen: Schweißschlacken nennen das die Vulkanologen. Extrem hart wird dieses Gestein und sehr verwitterungsresistent und bildet deshalb in der Landschaft meist steile, imposante Erhebungen im Gelände. So geschah es auch an der nördlichen Flanke des Vulkans Rother Kopf, Lavafetzen wurde hier auf Lavafetzen geschleudert und verschweißten zu einem massiven Komplex. Da diese Lava zudem auch noch recht gashaltig war und die Gasbläschen in der Lava zahllose Poren bildeten, eigneten sich die großen Schweißschlacken zur Mühlsteinherstellung. Bereits im 13. Jahrhundert begannen die Menschen in dieser Region, Mühlsteine herzustellen, was mit den damaligen Werkzeugen nicht einfach war. Meist über Kopf schlugen die Arbeiter den Mühlstein frei, bis er halbfertig an der Decke hing. Nun wurde am oberen Rand des festhängenden Mühlsteins eine Rinne geschlagen, in die Holzkeile eingesteckt wurden, diese wurden befeuchtet und quollen auf. Die Kraft des aufquellenden Holzes war derart groß, dass der Mühlstein dadurch aus der Wand gesprengt wurde.

Wir besichtigen diesen Mühlsteinabbau, gehen vom Wanderparkplatz hangaufwärts, folgen der Markierung des Eifelsteiges 200 Meter weit und sehen einen vergitterten Höhleneingang. Schade, aber der nächste Eingang nur 50 Meter weiter ist nicht vergittert, eine steile Treppe führt hinab ins Dunkel, eine starke Taschenlampe ist notwendig (kein Handylicht), und schon stehen wir unten im alten Mühlsteinabbau. An vielen Stellen sehen wir an der Wand und an der Decke kreisrunde Markierungen, hier wurden einst Mühlsteine abgeschlagen, an einigen Stellen hängen noch fast fertige Mühlsteine an der Decke. Hundert Meter lang führt der Stollen in den Berg hinein, ein kurzer und ungefährlicher, aber dennoch spannender Exkurs in die Eifeler Bergbaugeschichte.

Wieder hinaus aus der Höhle folgen wir dem Eifelsteig weiter und sehen nach 50 Metern links im Graben wiederum einen nahezu fertigen Mühlstein hängen.

Unbedingt besteigen wir jetzt den Gipfel des Rother Kopfes und genießen eine Weile den fantastischen Ausblick über die Eifellandschaft. Zwei Sitzplätze laden zur Pause ein. Auf der anderen Seite geht es wieder herunter, der Pfad führt im Sommer durch eine gelbblühende Ginsterlandschaft, gepunktet mit lila Blüten, auf der Erde in der Lava finden wir glänzende Biotitkristalle (»Katzengold«). Unten auf dem Fahrweg gehen wir wieder links ab und gelangen so zurück zum Wanderparkplatz – oder wir gehen die 10 km lange Stauseerunde und besuchen den Vulkan Rother Hecke.

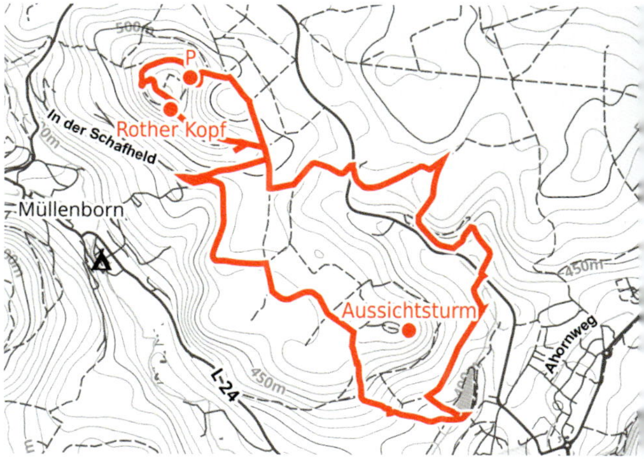

KFZ-NAVI/PARKPLATZ

Wanderparkplatz Eishöhlen bei Gerolstein-Roth, Eishöhle, 54568 **Gerolstein**

EMPFOHLENER WANDERWEG

Stauseerunde

WEBLINKS

https://www.gerolsteiner-land.de/a-stauseerunde
https://www.deutsche-vulkanstrasse.com/de/kulturhistorie/muehlsteinhoehle

NEROTHER KOPF

VERSTECKT IM WALD, OBEN AUF DEM GIPFEL DES VULKANS, THRONT BURG FREUDENKOPPE. DIE VERBLIEBENE RUINE ERINNERT UNS, DASS HIER EINST MITTELALTERLICHE RITTER WOHNTEN.

Burg Freudenkoppe ist die Ruine einer Höhenburg, die auf dem Gipfel des Vulkans Nerother Kopf westlich von Daun thront. 1340 wurde sie von Johann von Luxemburg fertiggestellt. Gekümmert haben sich seine Nachfahren nicht gut genug, denn die Burg ist zu einer Ruine verfallen, bildet aber immer noch eine imposante Kulisse und lädt zur Entdeckungstour ein. Erbaut wurde die Burg aus Gesteinen des Nerother Kopfes, was seinerzeit vernünftig und üblich war, denn Steine waren teuer und der Besitzer eines Steinbruchs stets ein wichtiger und reicher Mann. Die Transportwege waren mühsam, Ochsenkarren zogen das schwere Material durch die Landschaft, grundsätzlich nahmen die Bauherren das Gestein der nächsten Umgebung. Die am Berg gebrochenen Lavasteine wurden mit einem Mörtel aus Lavasand verfugt. 1346 übernahm der Trierer Erzbischof Balduin von Luxemburg die Burg und hatte 1353 hier seinen Stützpunkt, als er Burg Daun belagerte. Nach 1460 gibt es keine Informationen mehr über dieses Bauwerk, vielleicht verfiel es seither? Oder wurde erst zwei Jahrhunderte später von den Franzosen zerstört.

Der Vulkan, auf dem die Burg steht, brach vor etwa 15.000 Jahren aus, gehört dem quartären Daun-Hillesheimer Vulkanfeld an und liegt an dessen südwestlicher Ecke. Die Kuppe besteht aus Schlacken und Bombentephren – als aus Tephra, die überwiegend aus Lavabomben bestehen. Lavabomben sind definiert als aus einem Vulkan ausgeworfene Lavafetzen, die mehr als 64 mm Durchmesser haben, aber auch mehrere Meter groß sein können. Durch ihren Flug durch die Luft haben sie eine aerodynamische, tropfenförmige Form oder die Form einer Spindel angenommen. Lavabomben kühlen im Flug ab und erhärten äußerlich. Sie zerspratzen nicht beim Aufprall auf die Erde, sofern sie nicht auf hartem Gestein landen, was beim Vulkanausbruch selten vorkommt, denn überall rundherum liegt vulkanische Asche. Am westlichen Fuß des Vulkans ist ein kleinerer Lavastrom ausgetreten. In den Schweißschlacken auf dem Gipfel finden wir wie bei so vielen anderen Vulkanen der Eifel einen alten Mühlsteinabbau, auch hier gruben sich die Bergleute in den harten Fels, um dort Mühlsteine aus der Lava herauszuarbeiten. Rund um den Vulkankegel stoßen wir auf Sand- und Tonsteine des Unterdevons, die besonders gut am Bachlauf der Kleinen Kyll aufgeschlossen sind. Fossilien sind darin nur selten zu finden.

KFZ-NAVI/PARKPLATZ

Wanderparkplatz an der Hauptstraße L 27 südlich Ortsausgang **Neroth**

EMPFOHLENER WANDERWEG

Eine 18 km lange, anspruchsvolle Wandertour bietet der Wanderweg Neroth Nr.1. Wer es weniger lang haben möchte, geht vom Parkplatz abwärts über die Kleine Kyll und folgt dem Weg 1 in entgegengesetzter Richtung nach rechts, geht einen Anstieg hinauf zur Mühlsteinhöhle und zur Burgruine. Der Anstieg ist durchaus recht steil, aber reizvoll, der Rückweg dafür entspannt, wenn wir hinter der Ruine wieder bergab wandern und an der Wiese den Berg nach links umrunden.

WEBLINKS

https://www.gerolsteiner-land.de/a-wanderweg-rund-um-neroth
https://www.neroth.de/

EISHÖHLEN BIRRESBORN

MÜHLSTEINABBAU IN ALTEN ZEITEN SCHUF IN HARTEM VULKANGESTEIN HÖHLEN, IN DENEN TOTALE DUNKELHEIT HERRSCHT.

In den harten Schweißschlacken des Fischbach-Vulkans wurden Mühlsteine abgebaut. Dieser Vulkan tritt morphologisch nicht durch einen Schlackenkegel in Erscheinung, er entstand in einem alten Talbett, das durch Lavaströme ausgefüllt wurde. Wahrscheinlich ragte der Vulkan einmal deutlich aus dem Tal hinaus, wurde aber in über 600.000 Jahren stark abgetragen. In den Birresborner Höhlen wurden bis Mitte des 20. Jahrhunderts Mühlsteine für Papier- und Lohmühlen hergestellt. Durch die poröse Vulkanschlacke dringt Wasser in die Höhlen, dadurch entsteht Verdunstungskälte, wodurch bis in den Sommer Eiszapfen wachsen können – daher der Name Eishöhlen.

Fünf Mühlsteinhöhlen nebeneinander gibt es in Birresborn, einige davon werden über Winter verschlossen, da hier Fledermäuse überwintern (15. April – 15. Oktober geöffnet). Die Mühlsteinhöhlen sind nicht allzu groß und nicht allzu tief, sie sind jederzeit zugänglich, also genau das Richtige für ein Höhlenabenteuer mit der ganzen Familie, die Eingänge sind ungefährlich. Das ist ein echtes Abenteuer, und es ist geologisch sehr interessant, befinden wir uns doch inmitten der Lavamasse, die wir nicht nur neben, sondern auch über uns haben. Im Vergleich zu anderen Mühlsteinhöhlen sind die Birresborner recht groß, vor allem die größte der fünf bietet neben einer großen Halle viele Wege und Winkel und sogar flache Gänge, auf denen man auf dem Bauch hindurchkriechen kann, aber nicht muss.

In jedem Fall benötigen wir Licht, eine Taschenlampe mit vollgeladenem Akku sollte dabei sein. Wenn wir aber nicht wissen, wie groß die Höhle ist? In jedem Fall sollte eine zweite Taschenlampe im Gepäck sein, denn die eine kann herunterfallen und ist kaputt … und dann? In der absoluten Dunkelheit können auch 50 Meter ein gefährlicher Weg sein, in den Birresborner Eishöhlen besteht in der Dunkelheit Absturzgefahr, was passiert, wenn man sich den Fuss verknickt oder sich den Kopf aufschlägt. Und deshalb, auch in kleine Höhlen niemals alleine hineingehen. Ein verknickter Fuß macht es vielleicht unmöglich, wieder hinauszugelangen und wer weiß, wann der nächste Höhlenforscher dort hineinschauen wird? In einer Stunde? Oder erst in sieben Tagen? Der Boden der Höhlen ist natürlich nicht geglättet wie ein Fußgängerweg, irgendein Trampelpfad führt hindurch, feste Schuhe mit guten Profilsohlen sind wichtig, und am besten tragen wir auch einen Helm, ein Fahrradhelm reicht. Manchmal sind niedrige Stellen zu passieren, an denen wir uns den Kopf anstoßen können, und die scharfen Vulkansteine können dann schon mal Blut fließen lassen.

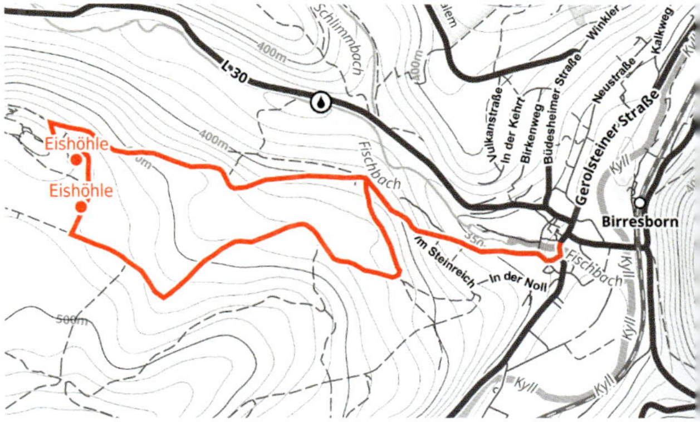

KFZ-NAVI/PARKPLATZ

Wanderparkplatz Birresborner Eishöhlen, 200 Meter neben den Höhlen. Von Birresborn über die Straße »Im Steinreich« erreichbar. GPS-Daten mitnehmen!

EMPFOHLENER WANDERWEG

Birresborner Eishöhlen mit Start in Birresborn.

WEBLINKS

https://www.gerolsteiner-land.de/a-birresborner-eishoehlen-1

https://www.gerolsteiner-land.de/a-birresborner-eishoehlen-2

DAUNER MAARE

DER DRONKETURM ÜBER DEN AUGEN DER EIFEL.

Dr. Alfred Dronke gründete einst den Eifelverein und hat so einen Turm wahrlich verdient. Hoch über dem Gemündener Maar steht seit über 120 Jahren dieser 11 Meter hohe Turm auf dem Plateau des Mäusebergs und belohnt die Besteigung mit einem herrlichen Ausblick über das Gemündener Maar und die Weiten der Eifel. Ein Wanderweg soll nicht empfohlen werden, Rundwege um die Maare sind bestens ausgeschildert – sich zu verlaufen ist unmöglich. Vom Parkplatz am Schalkenmehrener Maar ist es nur ein kurzes Stück zum Gipfelkreuz.

Die Maare sind wohl das, was die meisten Menschen mit der Vulkaneifel verbinden, und sie sind auch eine der schönsten Regionen. Die »Augen der Eifel« seien die Maare – diesen Begriff prägte die Eifel-Schriftstellerin Clara Viebig Anfang des 20. Jahrhunderts. Viele Menschen haben beim Begriff Maar die Dauner Maare im Sinn, aber die Eifel hat 77 Maare und manchmal werden auch noch neue entdeckt, wie 2013 bei Untersuchungen des Manderscheider Maarmuseums nahe des Mosenbergs bei Bettenfeld.

Nur 11 Maare besitzen einen Maarsee. Maare sind vulkanische Sprengtrichter – sie können einen See haben, müssen aber nicht. Aus dem Untergrund drang Magma auf, traf kurz unter der Erdoberfläche auf Grundwasser, das Grundwasser verdampfte in Sekundenschnelle, dehnte sich dabei um das 1200-fache aus, durch den enormen Dampfdruck wurde die Erdkruste darüber weggesprengt – eine phreatomagmatische Eruption nennen das die Vulkanologen. Zurück bleibt ein Sprengtrichter von oft mehreren hundert Metern Tiefe, ringsherum ein Kraterwall, der aber zu etwa 80% aus zertrümmertem Grundgebirge besteht und nur zu 20% aus Lava, denn durch den eher engen Aufstiegskanal unter dem Maar ist nicht sehr viel Magma hochgekommen – für die phreatomagmatische Eruption hat es gereicht. Bei Daun passierte das sechs Mal – das Schalkenmehrener Maar ist ein Kessel aus vier Maartrichtern, die vor 30.000 bis 20.000 Jahren entstanden. Später dann erfolgte der Ausbruch des Gemündener Maares und dann schließlich des Weinfelder Maares. Die Dauner Maare sind in der Geschichte der Eifel und auch in der Geschichte des Eifelvulkanismus sehr junge Erscheinungen. Nördlich des Gemündener Maares stoßen wir auf eine Lavagrube im Kraterwall, dort können wir die Verhältnisse der Gesteine beobachten: viel Schiefer und Sandstein, wenig Lava. Auch bei einer Wanderung um die Maare wandern wir stets auf den Kraterwällen umher und wenn wir zu Boden schauen, sehen wir ganz überwiegend zertrümmerten Schiefer, wenig Lava. Darüber nachzudenken lohnt sich ganz besonders mit einer Flasche Wein am Gipfelkreuz über dem Schalkenmehrener Maar im Sonnenuntergang – einem wunderbaren Aussichtspunkt.

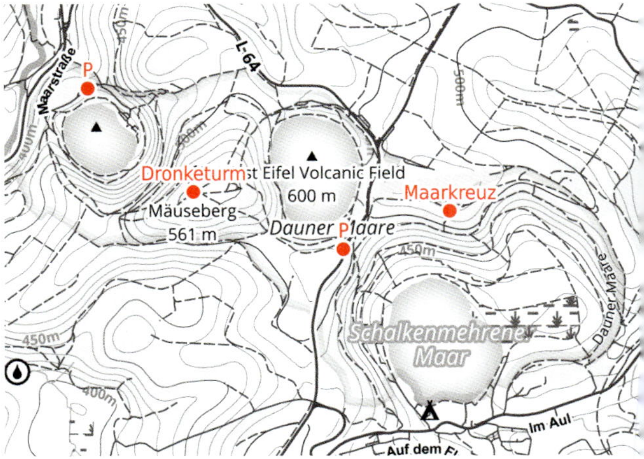

KFZ-NAVI/PARKPLATZ

Zum Schwimmbad, 54550 **Daun:** Großer Parkplatz am Rande des Gemündener Maares.
Pitt-Kreuzberg-Weg 8, 54552 **Schalkenmehren:** Parkplatz an der L 64 zwischen Schalkenmehrener Maar und Weinfelder Maar.

WEBLINKS

https://www.eifel.info/natur/vulkane/maare-der-eifel

HOLZMAAR, DÜRRES UND HETSCHE

EINES DAVON IST DAS KLEINSTE MAAR DER EIFEL – EINE PFÜTZE AUF DEM ACKER.

Wie winzig können Maare denn eigentlich sein? Eine gewisse Größe sind wir doch von ihnen gewohnt, am besten noch mit einem Maarsee und einem Kraterwall drumherum. Aber das muss nicht sein, und der Besuch beim Hetsche-Maar nahe Gillenfeld lässt uns ahnen, dass es in der Eifel noch etliche unentdeckte Maare geben könnte. Dieses ist mit 60 Meter Durchmesser und nur 5 Meter Tiefe das kleinste aller Eifelmaare und auch schon ziemlich verlandet, es sieht eher aus wie eine große Pfütze auf dem Acker, aber nicht wie ein Maar, zumal auch der zu erwartende Kraterwall fehlt. Dass das Hetsche-Maar tatsächlich vulkanischen Ursprungs ist, wurde durch eine Bohrung bestätigt, die durch entsprechende Schichten ging.

Das Hetsche-Maar gehört zur Holzmaar-Gruppe, die aus drei Maaren besteht, zwischen Holzmaar und Hetsche liegt das Dürre Maar. Die drei Maare liegen genau auf einer Linie von SW nach NE, dort verläuft eine geologische Störung, eine Schwachstelle in der Erdkruste, an der das Magma leicht emporsteigen kann. Das Alter der Holzmaar-Gruppe liegt zwischen 70.000 und 40.000 Jahren, das jüngste Maar ist das Holzmaar mit etwa 23.000 Jahren. In seinem Krater fanden sich Aschen von den Ausbrüchen des Laacher See-Vulkans und des Ulmener Maares.

Gut kann hier die Entwicklung eines Maares beobachtet werde. Das Holzmaar mit seinem klaren, 20 Meter tiefen Kratersee und dem Kraterwall entspricht vollkommen unseren Vorstellungen eines Maares, es ist das jüngste Maar der Gruppe. Wie es an etlichen Maaren der Eifel zu beobachten ist, verlandet ein Maar im Laufe der Zeit. Pflanzen siedeln sich an, werden dichter, im Laufe der Zeit entsteht ein Hochmoor bis irgendwann die Pflanzendecke so dicht wird, dass Torf entsteht und das Wasser später gänzlich verschwunden ist. Von diesem Zustand ist das Holzmaar noch weit entfernt, was sich aber auch darin begründet, dass dieser Maarsee erst seit dem 16. Jahrhundert existiert. Da wurde nämlich der Sammetbach aufgestaut, der Maarkessel diente als Staubecken, um die Gillenfelder Holzmühle mit Wasser zu versorgen.

Das Dürre Maar hingegen hat den Zustand eines Hochmoores bereits erreicht. In dem kreisrunden Maar hat sich ein Hochmoor entwickelt, das deutlich aus der Landschaft hervorsticht und so die Grenzen des Maares gut zeigt. Der zentrale Teil des Maares ist vollkommen mit Torfpflanzen bewachsen, außen zeigt sich bei hohem Grundwasserstand ein Wasserring. Allerdings förderte das Dürre Maar erheblich mehr Tephra als die beiden anderen Maare – Lavagruben an der Straße von Gillenfeld nach Brockscheid auf Höhe der Abzweigung zum Holzmaar zeigen mehrere Meter dicke Schichten, die aus einer Maareruption stammen und dem Dürren Maar zugeordnet werden.

KFZ-NAVI/PARKPLATZ

Wanderparkplatz an der K 17 am Holzmaar (ausgeschildert)

EMPFOHLENER WANDERWEG

Määrchen-Naturwaldpfad führt an allen drei Maaren vorbei

WEBLINKS

https://www.eifel.info/a-holzmaar-duerres-maar
https://www.geopark-vulkaneifel.de/eifel/landschaft/maare-und-kraterseen/hetsche-maar.html

MEERFELDER MAAR

DAS GRÖßTE MAAR DER EIFEL – EXPLOSIONEN IN 500 METER TIEFE.

Dieses Maar hat es tatsächlich in sich und glänzt mit Superlativen: das größte Maar der Eifel, der höchste Kraterwall, der wahrscheinlich tiefste Explosionspunkt. Die Maareruption erfolgte vor mindestens 30.000, wohl eher aber vor 40.000 Jahren.

Wie heftig eine Maarexplosion ist, das hängt auch vom Wasserzufluss ab. Stößt das Magma auf Grundwasser? Ist der Grundwasserleiter stark oder nur wenig wasserführend? Läuft Oberflächenwasser zu, wenig durch einen kleinen Bach oder durch Starkregenfluten, dann finden die Explosionen am Wasser-Magma-Kontakt nahe an der Erdoberfläche bei vielleicht 100 Meter Tiefe statt. Gelangt von oben viel Wasser in den Explosionsschlot, vielleicht durch einen kleinen Fluss oder einen See, können die Explosionen heftiger werden und sprengen dann einen tiefen Trichter frei. Das Gestein im Untergrund kann durch diese Explosionen zertrümmert und durch den entstandenen Überdruck in etlichen Strahlen herausgepresst werden, ein Hohlraum entsteht, in den dann große Schollen aus dem Dach einbrechen. In der Eifel sind solche Explosionen wohl nicht unterhalb von 500 Meter erfolgt und haben Maare von über 1000 Meter Durchmesser entstehen lassen, wie wahrscheinlich Meerfelder Maar, Dreiser Weiher und Mosbrucher Maar.

Das Meerfelder Maar hat einen Durchmesser von über 1200 Meter und ist das einzige Eifelmaar, in dem das Devongestein des Grundgebirges fast in der ganzen Umrandung aufgeschlossen ist, der Explosionstrichter lässt sich recht genau eingrenzen. Der Kraterwall besteht überwiegend aus zertrümmertem unterdevonischem Gestein, das oft Fossilien enthält. Auffällig ist, dass die Tephra des Maares auch sehr viele Buntsandsteinfragmente enthalten, ein Beweis dafür, dass auf dem devonischen Grundgebirge und unter den quartären Vulkaniten Reste der ehemaligen Buntsandsteinbedeckung liegen. In den Tephra des Maares finden sich sehr häufig teils große Olivinbomben, die aus dem Erdmantel stammen, sie sind direkt mit dem aufsteigenden Magma nach oben transportiert und mit der Eruption hinausgeschleudert worden. Diese Olivinbomben sind eine der ganz wenigen Möglichkeiten, Gesteine des Erdmantels direkt zu untersuchen.

Highlight am Maar ist sicherlich der Aussichtsturm Landesblick auf dem nördlichen Kraterwall, der einen phänomenalen Blick in den Maarkrater und über die halbe Eifel erlaubt. Spektakulär ist hier oben auch der Sonnenuntergang, auch wenn der Maarsee dann in der Tiefe des Kraters schon längst im Dunkeln liegt. In Meerfeld selber gibt es mehrere Cafés und Restaurants, in denen wir uns nach beendeter Wanderung belohnen können. Einen wunderschönen Ausblick über das Maar vor allem zum Sonnenaufgang gibt es am Ende des Mühlenweges in Bettenfeld (im Ort ausgeschildert).

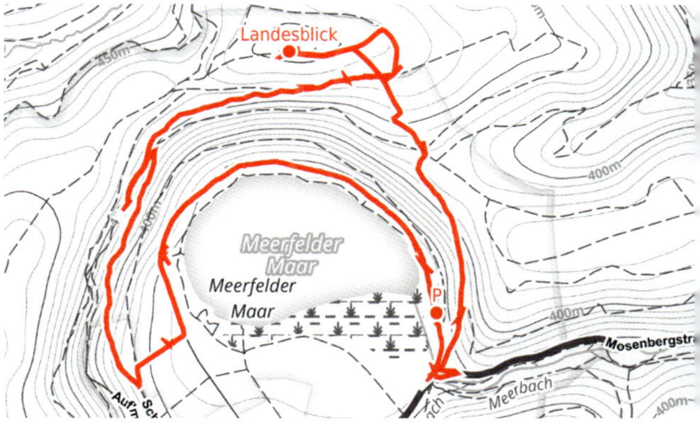

KFZ-NAVI/PARKPLATZ

Parkplatz Meerfelder Maar am Ostrand des Maares beim Naturfreibad (gebührenpflichtig)

EMPFOHLENER WANDERWEG

Meerfelder Maar und Landesblick

WEBLINKS

https://www.outdooractive.com/de/route/wanderung/eifel/meerfelder-maar-und-landesblick/104615076/

https://wanderbare-vulkaneifel.de/meerfelder-maar-landesblick/

WINDSBORN-KRATER

DER EINZIGE KRATERSEE IN EINEM VULKAN NÖRDLICH DER ALPEN LIEGT BEI BETTENFELD IN DER NÄHE VON MANDERSCHEID.

Das ist doch ein Alleinstellungsmerkmal: der einzige Kratersee nördlich der Alpen! Ein Vulkankegel mit einem See mittendrin, kein Maar, sondern ein wassergefüllter Schlackenkegel – das gibt es nur bei Bettenfeld. Der Windbornkrater gehört zur Mosenberg-Vulkangruppe.

Vor 80.000 Jahren erfolgte der erste Ausbruch am Mosenberg im Südosten der Gruppe, fünf weitere folgten, auf einer Linie nach Nordwesten aufgereiht. Den 517 Meter hohen Mosenberg lernen wir auf der Wanderung kennen, in den Lavagruben im Süden wurden bei Abbauarbeiten mehrere Schlote freigelegt, durch die das Magma aufgestiegen ist. Der eigentliche Mosenberg besteht aus zwei Schlackenkegeln, aus deren südlichem ein bis zu 30 Meter mächtiger basaltischer Lavastrom durch den 1700 Meter langen Horngraben bis in das Tal der Kleinen Kyll geflossen ist. Wer den ausgeschilderten Abstecher vom Rundwanderweg zur Wolfsschlucht macht, erlebt hier wilde Natur – die Landschaft ist jedoch menschgemacht: Die Wolfsschlucht ist ein aufgelassener Steinbruch, in dem einst Basalt abgebaut wurde. Der vierte Ausbruch in dieser Reihe bildete den Windsborn-Schlackenkegel, von den beiden Mosenberg-Vulkanen wird er durch eine deutliche Geländesenke getrennt. Über dem Windsbornkrater thront ein großes Gipfelkreuz auf einer steilen Wand aus Schweißschlacken, das sind große glühende Lavafetzen, die der Vulkan ausgeschleudert hat, die an seinem Kraterrand niederfielen und miteinander verschweißten, da sie noch glühend waren. Solche Schweißschlacken finden wir auf dem Rundweg noch einmal kurz unterhalb des Mosenberggipfels. Diese Schlacken sind sehr hart und verwitterungsresistent und bilden stets steile Wände im Gelände – so auch den sehr fotogenen Windsborngipfel, an dem sich diese harten Schlacken besonders gut studieren lassen. Der Windsborn ist ein ganz normaler Schlackenkegel mit einem Krater in der Mitte, einzigartig ist nur, dass er sich im Laufe der Zeit mit Regenwasser füllte.

Nördlich davon, vom Parkplatz aus zu sehen, liegen der fünfte und sechste Ausbruch der Mosenberggruppe: das Hinkelsmaar. Leider ist vom fünften Ausbruch, bei dem ein größerer Schlackenkegel entstand, nichts mehr zu sehen, denn die sechste Eruption sprengte ihn weg und ließ einen Schlackenring zurück, bestehend aus Schlacken, Tephra und Lavafetzen. Darin bestand lange Zeit auch ein Kratersee, der aber 1840 trockengelegt wurde, durch wiederkehrende Niederschläge bildete sich im Krater ein Hochmoor.

Erst 2014 wurden zwischen Bettenfeld und dem Windsborn durch Untersuchungen des Maarmuseums Manderscheid zwei neue Maare entdeckt, sie wurden das Obere und Untere Irrwies-Maar genannt. Nachgewiesen wurden sie durch Bohrungen, im Untergrund fanden sich typische Maargesteine. Morphologisch, oben auf dem Acker, sind sie nur mit viel Kenntnis zu erahnen.

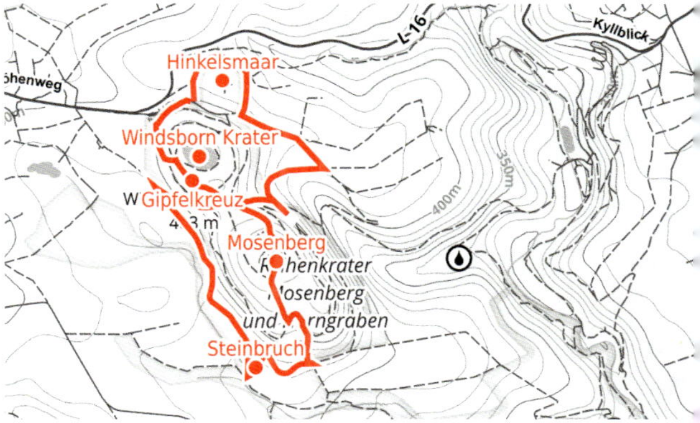

KFZ-NAVI/PARKPLATZ

Parkplatz am Mosenberg, L 16, 54533 **Bettenfeld**

EMPFOHLENER WANDERWEG

Heimatspur Kraterseen Mosenberg

WEBLINKS

https://www.gesundland-vulkaneifel.de/heimatspur-kraterseen-mosenberg/
https://www.eifel.info/a-vulkanerlebnispark-mosenberg

43

KÄSEGROTTE BEI BAD BERTRICH

SELTSAM GEFORMTE BASALTSÄULEN LASSEN UNS GLAUBEN, WIR SIND IN EINEM LAGER FÜR GROßE KÄSELAIBE.

Es ist nur eine kleine Höhle, eher ein Durchgang durch den Felsen, der uns aber durch einzigartige Gesteinsausbildungen fasziniert. Naheliegend ist der Name Käsegrotte, aber vielfach wird die kleine Höhle auch Elfengrotte genannt. Noch dekorativer wird der Ort durch den direkt nebenan herabstürzenden Elbesbach-Wasserfall, der hier in den Üßbach mündet. Die Käsegrotte ist ein eingetragenes Naturdenkmal. Der Weg durch die Grotte ist vielleicht nur 20 Meter lang, aber sehr bizarr. Basaltsäulen haben wir schon an etlichen anderen Stellen beobachtet, sie sind mal schmaler, mal dicker, oft etwas geschwungen, aber haben immer eine glatte Oberfläche. In der Käsegrotte weisen diese Basaltsäulen eine sehr seltsame Absonderungsform auf, die an große aufgestapelte Käselaibe in einer Käserei erinnert. Die Erkaltung der Lava ging sehr schnell vor sich, weshalb sich horizontale Spannungsrisse bildeten, an denen die Verwitterung ansetzte. Die Säulen stehen senkrecht, aber die Abkühlungsklüfte entstanden parallel zur Lavastromoberfläche. Die Verwitterung konnte hier ansetzen und rundlich geformte Vertiefungen bilden.

Die Vulkane von Bad Bertrich sind der südöstlichste Zipfel der vulkanischen Westeifel, neun Vulkane waren hier aktiv. Sieben davon gehören zu einem gemeinsamen System, sie entstanden vor 40.000 – 30.000 Jahren auf einer 1,6 km langen Vulkanspalte. Innerhalb weniger Wochen bildeten sich fünf Schlackenkegel. Kaum mehr in der Landschaft auszumachen ist ein weiterer Vulkan, das Seesenflürchen, das frühere Elfenmaar. Der frühere Krater ist abgetragen, nur eine flache Einmuldung bleibt – das führte früher zu der Deutung, diese Einmuldung sei ein Maar. Zwei ausgedehnte Basaltlavaströme haben ihren Ursprung im Seesenmaar, einer floss durch das Üßbachtal nach Süden bis hin zum Römerkessel, der zweite füllte während der Würmeiszeit das Bachtal mit einem 22 Meter mächtigen Lavastrom talaufwärts aus bis über den Bereich der Müllischwiese hinter der Käsegrotte. Das Tal war nun verstopft, und das Flüsschen musste sich erneut hindurchfressen, dabei wurden die senkrecht stehen Basaltsäulen des Üßbaches freigelegt.

Der Name Elfenmühle hat übrigens nichts mit Zauberwesen zu tun, auch wenn das Bachbett dort recht zauberhaft ist. Vielmehr war es die elfte Mühle dort am Bach.

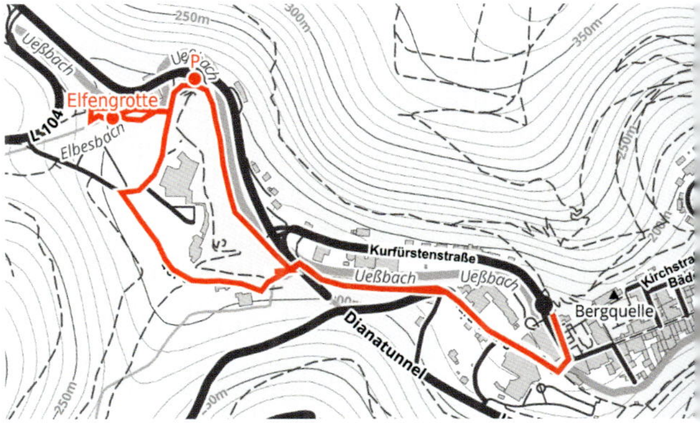

KFZ-NAVI/PARKPLATZ

Parkplatz Elfengrotte, Kurfürstenstraße 3, 56864 **Bad Bertrich**

EMPFOHLENER WANDERWEG

Heimatspur Spazierweg Elfengrotte

WEBLINKS

https://www.gesundland-vulkaneifel.de/heimatspur-spazierweg-elfengrotte/

https://www.eifel.info/a-elfengrotte

STAUSEE BITBURG

EIN KLEINER, IDYLLISCH GELEGENER STAUSEE, UM DEN EIN RUNDWANDERWEG MIT WUNDERSCHÖNEN BUNTSANDSTEIN-FORMATIONEN FÜHRT.

Einer der schönsten Buntsandstein-Orte in der Eifel, fotogen und bequem, ist der Bitburger Stausee bei Biersdorf. Die Prüm fließt durch ein eher enges Tal, das sich unterhalb von Biersdorf weitet, so wurde hier inmitten der Buntsandsteinfelsen ein Hochwasserrückhaltebecken mit einem 15 Meter hohem Staudamm gebaut. Ein 5 km langer Wanderweg führt um den See herum, oberhalb des Sees passieren wir idyllische Aussichtspunkte, die zum Verweilen einladen. Nahezu gänzlich führt der Wanderweg an Buntsandsteinfelsen vorbei, im Westen sind sie bewachsener, schöne Motive mit Moos und Farnen bieten sich. Die beeindruckendsten Buntsandsteinfelsen aber finden sich rund um den Parkplatz, wir sehen Schrägschichtungen der Sandsteinlagen wie aus dem Lehrbuch. Dabei erkennen wir sehr gut einzelne Schichten, die nach oben oder auch nach unten zeigen, plötzlich sind sie wie mit einem Messer oben abgeschnitten und Sandsteinschichten in anderer Richtung lagern sich darüber, der Geologe nennt das diskordant. Stellen wir uns einen mäandrierenden Fluss mit vielen Sandbänken vor, immer wieder lagert die Strömung neuen Sand ab, spült an anderen Stellen Sand weg, überspült die Sandbänke und lagert darüber Sandschichten in anderer Lage – diskordant – ab. Die meterdick gewordenen Sandbänke versteinern zu Sandstein, und jetzt werden sie senkrecht durchgeschnitten, und wir schauen von der Seite auf dieses Profil. In Biersdorf beschreiben Sedimentologen einen mehrfachen Wechsel von fluviatilen (im Fluss) und äolischen (vom Wind dahin gewehten) Ablagerungen – was aber nicht immer leicht zu erkennen ist. Fluviatile Ablagerungen sind gröber, manchmal mit Quarzkiesel darin, äolische Ablagerungen sind millimeterfein geschichtet und werden als Dünenablagerungen interpretiert.

Auf dem Stauseerundweg stoßen wir am östlichen Ufer auf einen nicht fertig abgebauten Schleifstein, der noch im Felsen hängt. Ein Relikt aus 500 Jahren Sandsteinabbau im Prümtal, der bis in die 1930er Jahre währte. Neben Werksteinen für den Hausbau wurden zwischen Biersdorf und vor allem dem etwas weiter südlich gelegenen Wißmannsdorf Schleifsteine aus Buntsandstein hergestellt, geliefert wurden diese in die Industriebetriebe des Ruhrgebietes und insbesondere an die Solinger Messerhersteller. Der feine Sandstein aus harten Quarzkörnchen war ein wunderbares Schleifmittel. Felsbrocken wurden mit Schwarzpulver aus der Wand gesprengt, die Steinhauer brauchten schon ein Auge dafür, wo im Fels Klüfte waren und wo der Fels sich spalten würde. Auf Holzrollen wurden die Steine zu den Arbeitsplätzen transportiert und mit dem Zweispitz in die schleifsteingerechte Form gebracht.

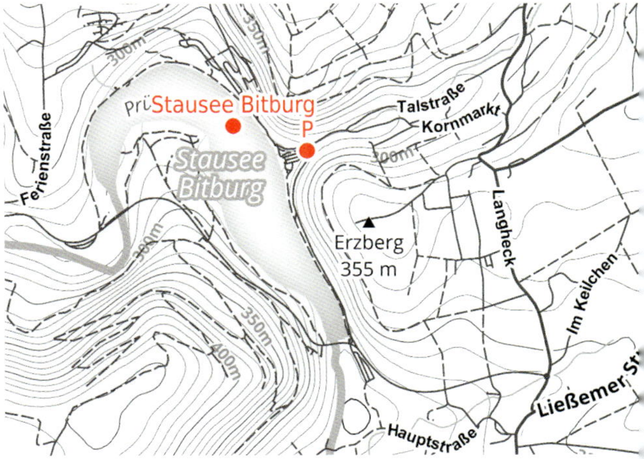

KFZ-NAVI/PARKPLATZ

Parkplatz Zur Rotlay 18, 54636 **Biersdorf am See**

EMPFOHLENER WANDERWEG

Ausgeschilderter Uferrundwanderweg um den Stausee – 5 km.

WEBLINKS

https://www.eifel.de/go/touren-detail/wandertour_bitburger_stausee.html
https://www.eifel.info/a-stausee-bitburg

WASSERFALL TANZLAY BEI BITBURG

ES SCHEINT, ALS HÄTTEN RIESEN DIESE GEWALTIGEN FELSBROCKEN HERUMGEWORFEN – ODER WAR ES TATSÄCHLICH DIESER KLEINE BACH? EIN BESUCH IM MUSCHELKALKMEER.

Vom Parkplatz folgen wir dem Rundwanderweg nach links, denn es geht auf kleinen Stufen recht steil hinauf, und es kann rutschig sein, bergab kann das ein bisschen gefährlich werden. Trittsicherheit ist notwendig. Dieser nur 1,4 km lange Rundweg hat es in sich, die Tanzlay ist ein atemberaubendes Naturdenkmal. Geologisch sind wir jetzt im Muschelkalk unterwegs, das ist der mittlere Abschnitt der Trias. Nach dem Zeitalter des Buntsandsteins, in dem die Eifel Festland war, drang jetzt von Süden her das Muschelkalkmeer vor und lagerte über der heutigen Eifel Tone, Mergel, Kalk und Dolomite ab.

Nur ein kurzes Stück folgen wir dem Weg in den Wald, schon liegen im tiefen Bachbett zahlreiche auffällig große Dolomitblöcke mal dünnere Platten, mal dicke Quader, aber fast immer wie mit dem Messer scheinbar in rechte Winkel geschnitten. Es geht auf den Treppen steil bergauf, die Dolomitblöcke werden immer größer, die Frage taucht auf, woher mögen sie kommen? Wie können im Bett eines doch recht kleinen Baches solche Gesteinsbrocken liegen, die größer als ein Auto sind? Sie können nicht von weither kommen, denn sie sind sehr eckig, nicht gerundet, da ist noch nicht viel verwittert. Schließlich stehen wir am Wasserfall – sofern der Bach Wasser führt, was im Sommer eher nicht der Fall ist. Auch nicht schlimm, wir können die Gesteine im trockenen Zustand unten im Bachbett besser untersuchen. Und hier zeigt sich nun die Lösung des Rätsels, denn direkt vor dem Wasserfall liegen metergroße Steinquader, sie können von nirgendwo hierher transportiert sein, sie liegen immer noch an Ort und Stelle ihres Entstehens, sie sind nur etwas abgesackt.

Am Wasserfall sehen wir oben eine mehrere Meter mächtige Dolomitschicht, Dolomit ist ein Kalkgestein, in den Magnesium-Ionen eingelagert wurden, was das Gestein sehr viel härter und verwitterungsresistenter als gewöhnlichen Kalkstein macht. Obenauf – der Geologe sagt im Hangenden – folgte wieder eine weiche Mergelschicht, die vom Daufenbach komplett weggewaschen wurde, weshalb die Oberfläche des Dolomits eine regelrechte, ebene Platte bildet.

Unter der harten Dolomitschicht sehen wir eine weiche Mergelschicht, die vom Bach leicht weggewaschen wird. Der Daufenbach fließt auf der harten Gesteinsschicht entlang, fällt am Wasserfall hinab und spült dort unten den weichen Mergel weg. Dabei werden die harten Felsen unterspült, irgendwann ist der ganze Mergel darunter verschwunden, und der Felsen bricht ab. Er liegt im Bachbett, und der Wasserfall wandert nach hinten. Im Bachbett bleibt ein gewaltiger Felsblock der hängenden Schicht liegen – das ist die spannende Situation, die wir dort sehen.

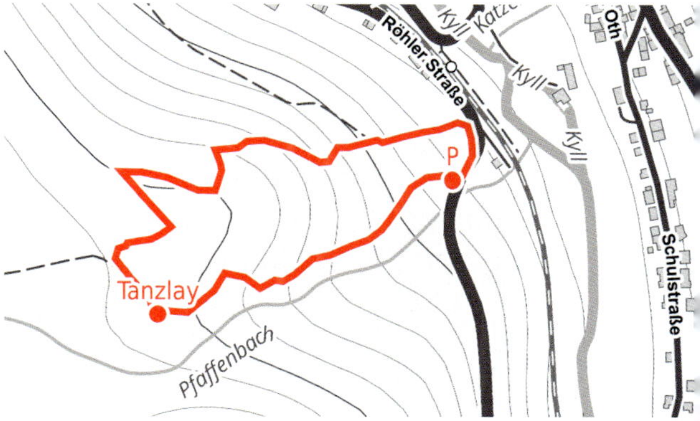

KFZ-NAVI/PARKPLATZ

Wanderparkplatz Tanzlay, Röhler Straße am Friedhof Hüttingen, 54634 **Bitburg**

EMPFOHLENER WANDERWEG

Wandersteig Tanzlay

WEBLINKS

https://www.eifel-direkt.de/a-bitburger-landgaenge-huettingen-wandersteig-tanzlay
https://www.kuladig.de/Objektansicht/KLD-345866

GRÜNE HÖLLE BOLLENDORF

EINE DER SCHÖNSTEN HÖLLEN EUROPAS, EINE LANDSCHAFT MIT ENGEN SCHLUCHTEN UND STEILEN FELSWÄNDEN IM JURASANDSTEIN.

Es dringt selten Sonnenlicht in diese engen Schluchten, die Wände sind mit grünem Moos bewachsen, das wenige Licht erzeugt einen grünen Schimmer. Mag sein, dass der Name daher rührt. Vom Wanderparkplatz hinter dem Hotel wandern wir auf dem gut ausgeschilderter Wanderweg 55 hangaufwärts, die »Grüne Hölle« erreichen wir nach kurzer Zeit, folgen dem Weg weiter und erreichen bald den »Eulenhorst« – es dauert eine Weile, in den etwas labyrinthartig erscheinenden Schluchten die Orientierung zu finden. Auf diesem Rundwanderweg folgt ein Highlight dem anderen, an der »Kreuzlay« bietet sich eine herrliche Aussicht mit Picknickplatz. Diese Landschaft scheint märchenhaft: steile Felswände, enge Schluchten, Spalten und Klüfte, hohe Felstürme und überall herumliegende bemooste Felsbrocken.

Die Felsen der Grünen Hölle gehören zum Luxemburg-Sandstein des Ferschweiler Plateaus, der hier seine größte Mächtigkeit mit 60–80 Meter erreicht. Der Luxemburg-Sandstein gehört erdgeschichtlich in den untersten Jura (Lias). In der Eifel gibt es Sedimente des Lias nur im zentralen Teil des Bitburger Beckens in einem Bereich von Bitburg bis Luxemburg. Da dieser Sandstein sehr verwitterungsresistent ist, bildet er einige Plateaus, neben dem großen Ferschweiler Plateau, das Wolfsfelderberg-Plateau (Heiderücken), das Plateau nordwestlich von Bollendorf und ein kleines Plateau nördlich von Schankweiler, das Hartbergplateau. Dieser Sandstein ist teilweise kalkig gebunden, seine Körner werden durch einen Kalk zu einem sehr festen Gestein zusammengebacken. Im Laufe der Zeit wurde dieser Kalk entlang von Klüften weggelöst, die Klüfte vergrößerten sich, der Zusammenhalt der Felsen war nicht mehr gegeben, einzelne Felspartien lösten sich vom Plateau und rutschen auf dem unter dem Sandstein liegenden weichen Ton etwas in die Tiefe. An anderen Stellen vergrößerten sich die Klüfte zu breiteren Spalten. Die Felsplateaus wurden durch die Nebentäler der Sauer voneinander isoliert, die Täler entstanden auf den Klüften, die Schwachstellen im Fels und Angriffsbereiche für die Erosion boten.

Geschaffen wurde eine grandiose und abenteuerliche Landschaft, die eine Tour durch die »Grüne Hölle« zu einem echten Abenteuer macht.

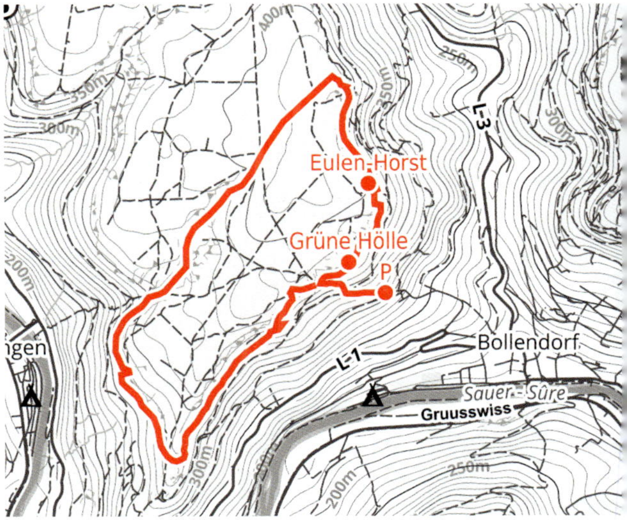

KFZ-NAVI/PARKPLATZ

Bis ans Ende der Straße, Wanderparkplätze hinter dem Hotel Sonnenberg

EMPFOHLENER WANDERWEG

Rundweg des Naturpark Südeifel Nr. 55

WEBLINKS

https://www.naturpark-suedeifel.de/a-rundweg-nr-55-bollendorf

TEUFELSSCHLUCHT BEI IRREL

DER TEUFEL SELBST SPALTETE DEN FELSEN UND SCHUF ZEHNERMETER TIEFE ENGE SCHLUCHTEN.

Die Geologie des Ferschweiler Plateaus wird hier in ganz besonders gut sichtbar. Der harte Jurasandstein liegt auf weichen Tonschichten des Keupers, die rutschig sind und dem schweren, bis zu 80 Meter mächtigen Sandstein keinen Halt geben. Da sich die Prüm tief ins Gelände eingegraben hat, hat der Sandstein einen Drang nach unten, irgendwann brachen an der Seite des Plateaus Stücke ab und rutschten auf dem weichen Ton zu Seite. Eine tiefe und enge Spalte entstand, in die nahezu kein Sonnenlicht hineinfällt. Wir kommen vom Dinosaurierpark nach 1000 Metern von oben an die Teufelsschlucht und können vom oberen Rand einen Blick in die Tiefe werfen. Dem ausgeschilderten Weg folgen wir auf einer engen Steintreppe in die Tiefe (Trittsicherheit erforderlich!) und beobachten auf dem Weg die Schichtung der Sandsteine, die deutlich söhlig (waagerecht) und unverfaltet liegen. Unten wird es wirklich eng, viele Meter hoch ragen die steilen Wände hinauf, und wir müssen uns nun vorstellen, dass hier einst ein Sprung im Felsen war und der rechte Teil während der letzten Eiszeit durch den Wechsel von Kalt- und Warmzeiten gelockert wurde. Vor etwa 12.000 Jahren kippte er ein Stück talwärts, eine 28 Meter tiefe Schlucht entstand. Auf dem Weg vom Parkplatz zur Teufelsschlucht passieren wir das Infozentrum Teufelsschlucht mit einer Ausstellung zu Geologie und Eiszeit.

Etwas anspruchsvoller ist der Weg von den Irreler Wasserfällen hinauf zur Teufelsschlucht, hinter der Hängebrücke zweigt der Wanderweg »Teuflische Acht« ab und führt durch die Teufelsschlucht hindurch.

Unten in der Tiefe bietet sich die gute Gelegenheit, über Sandstein nachzudenken: Sandstein besteht aus verfestigtem Sand. Sand ist kein Material, sondern eine Korngröße gemäß DIN 4022 zwischen 0,063 und 2,0 mm. Es gibt Quarzsand, der aus verwitterten Silikatgesteinen entsteht. Muschelsand bildet sich an Küsten aus den zertrümmerten und aufgearbeiteten Schalen der Meeresbewohner. Schwarzen Lavasand finden wir auf den atlantischen Vulkansanden, es ist zerriebene Lava. Ein Bindemittel macht den Sand zum Sandstein, das kann Schluff, Ton oder Kalkschlamm sein, dieses Bindemittel bezeichnet man als Matrix. Oft findet die Bindung erst später durch gelöste Stoffe statt, die herantransportiert und ausgefällt werden. Dies kann Kieselsäue (SiO_2), Kalkspat ($CaCO_3$), Gips ($CaSO_4$) oder Limonit ($FeO(OH)$) sein. Dieses kristallisierte Bindemittel wird als Zement bezeichnet. Auch die in der Eifel kennengelernte devonische Grauwacke ist ein Sandstein, der sehr schlecht sortiert und geschichtet ist.

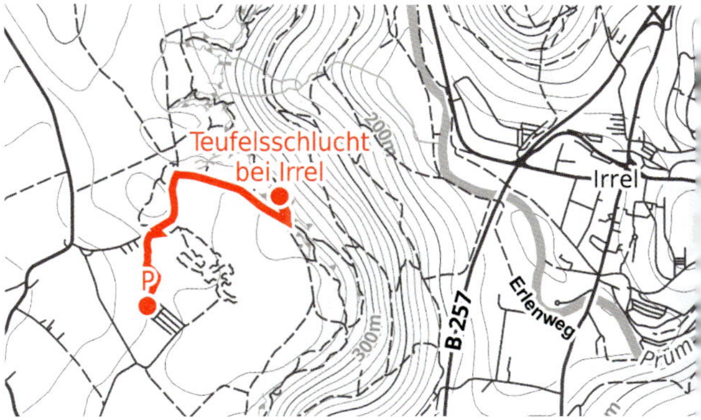

KFZ-NAVI/PARKPLATZ

Parkplatz Teufelsschlucht und Dinosaurierpark, Zufahrt von der K 20 bei 54668 **Ernzen.**

EMPFOHLENER WANDERWEG

Wanderweg »Teuflische Acht« – 6 km durch die Teufelsschlucht und an den Irreler Wasserfällen vorbei. Der Weg vom Parkplatz zum Dinopark ist gut ausgeschildert, dort am Eingang startet die »Teuflische Acht«.

WEBLINKS

https://www.felsenland-suedeifel.de/erlebnis-teufelsschlucht-1/wanderrouten

https://www.felsenland-suedeifel.de/ausflugsziele/sehenswuerdigkeiten/a-teufelsschlucht

IRRELER WASSERFÄLLE

WASSERFÄLLE, DIE KEINE MEHR SIND – ZEUGEN EINER FLUTKATASTROPHE.

In das mächtige Plateau aus Sandsteinen des Lias (Unterer Jura), aus denen das Ferschweiler Plateau gebildet wird, hat sich die Prüm 160 Meter tief eingeschnitten. Dieser Lias-Sandstein ist ein marines Sediment und wurde zur Jurazeit in einem flachen Meer abgelagert. Oben auf dem Ferschweiler Plateau finden wir auf den Äckern fossile Austern der Gattung Gryphaea, sie lebten im Meer, nicht im Süßwasser. Es ist davon auszugehen, dass der Lias-Sandstein früher weiter reichte und eine größere Region bedeckte. Zwischen der Prüm und der östlich davon gelegenen Nims ist ein zweiter schmaler Rest dieses Lias-Plateaus, darauf befindet sich die Irreler Heide. Unter den harten Sandsteinen des Lias liegen Tone des Keupers (Obere Trias), die das Wasser stauen und dadurch schlüpfrig sind. Nachdem die Prüm dieses tiefe Tal bis hinab zu den Keuper-Tonen erodiert hatte, brachen seitlich Teile vom Ferschweiler Plateau ab und rutschten in Richtung Prüm. Vor etwa 12.000 Jahren blockierte hierdurch ein gewaltiger Bergrutsch aus Lias-Sandsteinen das Prümtal. Der Fluss musste sich von nun an rauschend durch diese Sandsteinblöcke hindurchzwängen: Mächtige Stromschnellen, von den Einheimischen »Irreler Wasserfälle« genannt, waren entstanden. Während der Flutkatastrophe am 15. Juli 2021, bei der das Ahrtal zerstört wurde, schwoll auch die Prüm gewaltig an und spülte diese Sandsteinblöcke weg. Die Wasserfälle sind Geschichte. Man mag sich nicht vorstellen, dass statt der Sandsteinblöcke dort Wohnhäuser gestanden hätten. Die Kraft des Wassers ist kaum vorstellbar. Auch die auf älteren Bildern sichtbare Brücke über die Irreler Wasserfälle wurde weggespült. 2023 wurde eine neue, 110 Meter lange Hängebrücke aus Stahl fertig, die 100 Meter weiter flussabwärts als die alte Brücke die Prüm in 16 Meter Höhe überquert. Ein bisschen wackelig ist sie schon, aber das immer noch sehr dekorative Prümtal lässt sich von hier aus gut beobachten, und der Weg in die Teufelsschlucht beginnt auf der anderen Seite des Flusses.

Der Ausschnitt aus der Geologischen Karte zeigt in Dunkelblau den Lias-Sandstein, der das Ferschweiler Plateau bildet und rechts davon das durch die Prüm abgespaltene Plateau mit der Irreler Heide, in braun die darunter liegenden Tone des Keupers, die von der Prüm freigewaschen wurden. Der rote Punkt kennzeichnet die Lage der Irreler Wasserfälle.

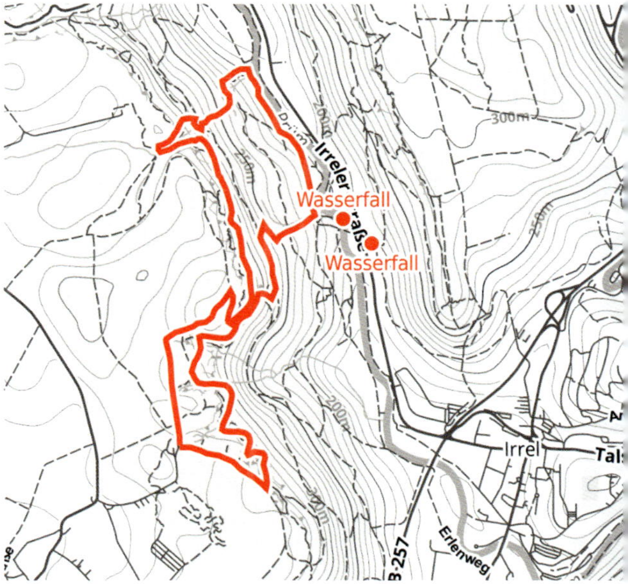

KFZ-NAVI/PARKPLATZ

Wanderparkplatz Irreler Wasserfälle an der L4, 54666 **Irrel**

EMPFOHLENER WANDERWEG

Teuflische Acht. Über die Hängebrücke, auf der anderen Seite der Prüm ist der Wanderweg ausgeschildert, er führt durch die Teufelsschlucht.
Zum Besuch der Irreler Wasserfälle ist gar keine Wanderung notwendig, sie liegen direkt neben dem Wanderparkplatz.

WEBLINKS

https://www.eifel.info/a-irreler-wasserfaelle

SCHWEINESTÄLLE BEI WEILERBACH

DURCH GEOLOGIE ERMÖGLICHTE SCHWEINEHALTUNG AM RANDE DES FERSCHWEILER PLATEAUS.

Schweine in einem geologischen Führer? Hier passt es, denn die Geologie machte diese Landschaft zum idealen Schweinestall. Es wurden in früheren Zeiten tatsächlich Schweine in den Wald getrieben, die zur Nacht in diese enge Schlucht gesperrt wurden, die leicht an beiden Seiten zu verschließen war.

Wir befinden uns hier am Rande des Ferschweiler Plateaus, das aus dem bis zu 80 Meter mächtigen Luxemburger Sandstein gebildet wird. Der Luxemburger Sandstein ist ein heller, gelber bis weißer Sandstein, meist mittel- bis grobkörnig, auch Konglomeratlagen treten auf. Durch ein kalkiges Bindemittel ist er teils stark verfestigt. Stratigrafisch gehört der Sandstein in den Lias (Unterer Jura). Sedimentologische Untersuchungen haben ergeben, dass der Liassandstein des Ferschweiler Plateaus wohl aus Nordwesten geschüttet wurde und aus aufgearbeitetem Buntsandstein besteht – Sandstein der älteren Trias-Formation verwitterte, wurde wieder zu Sand und wurde im Bereich des Ferschweiler und der anderen Plateaus dort im Zeitalter Jura abgelagert. Dort wurde er verfestigt und wieder zu Sandstein.

Im Westen wird das Plateau von der Sauer begrenzt, vom Plateau fließen Bäche ins Tal hinab und haben sich in den Sandstein eingeschnitten. An den Talhängen haben sich Felsvorsprünge gebildet.

Wir parken am Felsenweiher – der in jedem Fall auch einen Besuch lohnt – und finden dort am Parkplatz den ausgeschilderten Weg zu den Schweineställen. Nach einem Weg über die Hochfläche des Ferschweiler Plateaus biegen wir in den Wald ab, der Pfad führt abwärts. Immer enger wird der Weg, immer höher ragen rechts und links die Felswände empor. Beeindruckende Sandsteinformationen schaffen eine verwunschene Atmosphäre, für eine passende Stimmung ist ein vernebelter Morgen ideal. In dieser Schlucht wurden früher auch Steine gebrochen, an vielen Stellen sehen wir die Arbeitsspuren der Steinbrucharbeiter. Unten, am Eingang zur Schlucht, erinnert das Jegerkreuz an Friedrich Anton Jeger, einen tödlich verunglückten Bergmann. Hier ist auch ein schöner Picknickplatz mit Bänken und Tischen, so dass sich die mächtigen Sandsteinfelsen in Ruhe betrachten lassen. Hierher gelangen wir auch, wenn wir uns von unten aus dem Tal der Sauer auf dem Felsenweg 3 zu den Schweineställen aufmachen. Oberhalb des Picknickplatzes passieren wir eine Stelle in den Felsen, die eine römische Inschrift enthält. Auch die Römer brachen hier schon Sandstein, wenn wohl auch nur in kleinen Mengen. Der Weg von Ernzen nach Weilerbach war zwischen 1777 und 1959 auch der tägliche Weg der Arbeiter aus Ernzen, die in der Weilerbacher Eisenhütte arbeiteten.

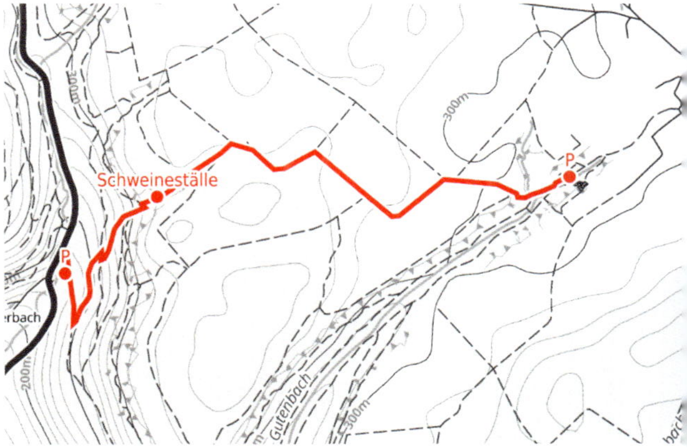

KFZ-NAVI/PARKPLATZ

Flurstraße, 54668 **Ernzen**
Der Felsenweiher ist dann ausgeschildert, dort sind ausreichend Parkplätze.

EMPFOHLENER WANDERWEG

Felsenweg 3 – Ferschweiler – Berdorf, 25 km
Kurzer Aufstieg von Weilerbach
Kurze Wanderung vom Felsenweiher Ernzen

WEBLINKS

https://www.felsenland-suedeifel.de/ausflugsziele/sehenswuerdigkeiten/a-schweinestaelle
https://www.eifel.info/a-schweinestaelle
https://www.eifel.info/a-felsenweiher

HOHLLAY BEI BERDORF

GEOLOGIE ENDET NICHT AN EINER POLITISCHEN GRENZE, NUR WEIL POLITIKER DORT EINE SOLCHE GEZOGEN HABEN. DIE GEOLOGISCHEN EINHEITEN DER EIFEL IN DEUTSCHLAND SETZEN SICH HINTER DER LUXEMBURGISCHEN GRENZE MIT ÄUßERST IMPOSANTEN LANDSCHAFTEN FORT.

Die Hohllay ist ein Beispiel für die wunderbaren Wanderregionen Luxemburgs, auf die in diesem Exkursionsführer nur hingewiesen werden kann. Die extrem schroffen Felsformationen des Müllerthals werden auf dem Wanderweg E1 durchquert. Die mächtigen Sandsteinfelsen werden vom Luxemburger Sandstein gebildet, der in den untersten Jura Lias alpha gehört, den wir auch auf dem Ferschweiler Plateau kennenlernen. Unter diesem Sandstein liegen Mergel und Tone des untersten Lias alpha. Der Sandstein ist geklüftet, d. h. er weist tief nach unten gehende Risse auf. In diese Klüfte trat Wasser ein, vergrößerte sie und drang bis auf die Tonschichten des untersten Lias alpha. Ton ist wasserstauend und wird durch Wasser rutschig. In der Folge rutschten von den Rändern des Plateaus mächtige Sandsteinpakete ab, wodurch sich spektakuläre Felsformationen und Schluchten bildeten. Diese lassen sich auf dem Wanderweg E1 hervorragend anschauen.

Wer diesen doch etwas anspruchsvollen Wanderweg nicht gehen möchte, folgt vom Parkplatz bei Berdorf dem Weg nach rechts hangabwärts Richtung Amphitheater (ausgeschildert) und steht dort schon im ersten großen Mühlsteinbruch, der Breechkaul. Bereits im Mittelalter begannen die Menschen, hier Mühlsteine abzubauen, eine größere Felsenhöhle entstand, in der nun das Amphitheater gelegen ist. So wunderbar sind hier die Spuren des Mühlsteinabbaus noch nicht, weshalb wir dem Weg hangabwärts zur Hohllay folgen. Ein prächtiger Saal erwartet uns, eine breitstreuende Taschenlampe ist hier sinnvoll, um die Schönheit dieser Halle zu erfassen, vor allem wenn man ein paar Fotos machen möchte. Überall an der Wand und an der Decke sind rundliche Spuren von hier abgelösten Mühlsteinen zu sehen, ein paar mächtige Pfeiler blieben stehen, um die Decke zu stützen. In vielen Farbnuancen leuchtet der Sandstein, wie ein Kunstwerk erscheinen Decke und Wand der Höhle. Entlang eines kleinen Baches führt ein Pfad wieder zurück zum Amphitheater, der eine weitere kleinere Abbauhöhle passiert, die ebenfalls zahlreiche dekorative Ablösespuren zeigt. Nicht vergessen werden darf, dass auch hier die Mühlsteinherstellung in Handarbeit mit Hammer und Meißel erfolgte, auch der Abtransport der schweren Mühlsteine war sicherlich keine leichte Arbeit.

Sandstein ist nicht das optimale Material für Mühlsteine, so hart und fest er auch sein mag. Sandstein besteht aus Sandkörnchen, die sich lösen, wenn zwei Mühlsteine aus diesem Material aufeinander reiben. Das gemahlene Produkt enthielt stets zahlreiche Sandkörnchen, die bei den Menschen die Zähne herunter schmirgelten.

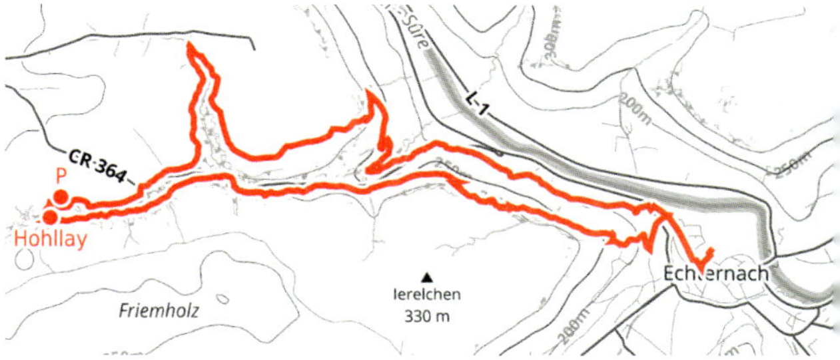

KFZ-NAVI/PARKPLATZ

Wanderparkplatz Amphitheater/Breechkaul südlich von Berdorf bei Echternach (Parking Huel Lee), Abzweig von der Landstraße am Hotel Perekop.

EMPFOHLENER WANDERWEG

Auf dem Wanderparkplatz steht eine Infotafel, auf der verschiedene Rundwege beschrieben sind, diese sind im Gelände gut ausgeschildert. Ein kurzer Rundweg führt durch die alten Mühlsteinbrüche zu den spektakulärsten Stellen. Eine anspruchsvolle 13,5 km lange Wanderung auf dem Wanderweg E1 lässt sich in Echternach an der Basilika oder auf dem Wanderparkplatz bei Berdorf beginnen, dieser Weg ist spektakulär und hat steile Anstiege.

WEBLINKS

https://www.mullerthal-trail.lu/de

GLOSSAR

Agglutinate – glühende Lavafetzen, die beim Vulkanausbruch aus dem Krater ausgeschleudert werden, meist rings um den Förderschlot zu Boden fallen und verschweißen, ein Schlackenkegel besteht oftmals zum großen Teil aus solchen Agglutinaten (-> Schweißschlacken). Solche Agglutinate können klein sein, aber auch Größen von zwei und mehr Meter erreichen.

Anstehendes – Gestein an seinem Ursprungsort

Asche – Material, das aus dem Vulkan ausgeschleudert wird, staubartig bis feinkörnig, überwiegend zerspratztes Magma, aber auch zerkleinertes Nebengesteinsmaterial.

Aufschluss – Steinbruch oder natürliches Loch in der Erde, in dem Gesteine ans Tageslicht kommen.

Basaltlava – eine sehr harte dichte graue Lava, die als Lavastrom meist im späteren Verlauf der Eruption aus einem Vulkan ausfliesst. In der Osteifel sind Basaltlavaströme meist wenige Kilometer lang und erstarrten bei der Abkühlung meist zu sechsseitigen Basaltsäulen.

Bims – Lava, die extrem schnell aus dem Vulkan ausgeschleudert wurde, sehr gashaltig war und abrupt abkühlte, weshalb das Gas nicht entweichen konnte, sondern Poren im Gestein bildete. Bims ist sozusagen aufgeschäumtes, vulkanisches Glas (ohne Kristallstruktur), aufgrund der sehr hohen Porosität sehr leicht und schwimmt auf dem Wasser.

Biotit – ein häufiges Mineral in Vulkaniten. Biotit ist ein Schichtsilikat, d.h., die Atome der Kristalle sind im Kristallgitter schichtförmig angeordnet, weshalb die Kristalle des Biotits aus feinschichtigen Blättchen bestehen, die sich biegen lassen. Eine ungewöhnliche Kristallart, ganz anders als die säulenformigen Kristalle bspw. des Bergkristalls. Biotitkristalle sind deshalb relativ leicht zu erkennen.

Caldera – kesselartige Einbruchsstruktur über einer entleerten Magmakammer von mindestens 1,5 km Durchmesser

Chalcedon – mikrokristalliner Quarz

Denudation – flächenhafter Abtrag der Landschaftsoberfläche – im Vergleich zur Tiefenerosion eines Flusses, der ein enges Flusstal eintieft.

Eifelplume – Hot spot, Mantelplume – eine Zone erhöhter Temperatur, die durch den Erdmantel bis in die Erdkruste aufsteigt. Im Plume kommt es zu teilweisem Aufschmelzen (wenige Prozent) des Gesteins, was die Ursache für Vulkanismus an der Erdoberfläche sein kann.

Fazies – charakteristischer Lebensraum, gekennzeichnet durch seine charakteristischen Fossilien

Glas – siehe Vulkanisches Glas

Hornstein – knollige, dichte Kieselausscheidung (SiO_2) von grauer bis gelblicher Farbe, vorwiegend in mesozoischen Sedimenten

Hydrothermale Lösung – sehr heißes, aggressives Wasser, in der Tiefe der Erdkruste unter hohem Druck stehend. Auf seinem kilometerlangen Weg durch die obere Erdkruste laugt es die durchflossenen Gesteine aus und führt daher eine hohe Konzentration gelöster Minerale mit sich, vorwiegend Quarz, oft aber auch diverse Erze.

Ignimbrit – eine Ablagerung, die bei Vulkanausbrüchen durch pyroklastische Dichteströme entsteht. Dichteströme sind heiße, schnell fließende Wolken aus Asche, Lapilli und Blöcken, gemischt mit Gasen, die mit hoher Geschwindigkeit die Hänge des Vulkans hinabströmen und sich über große Gebiete ausbreiten können. Das Gestein lagert sich ab und verschweißt oftmals.

Karbonatgestein – besteht überwiegend aus den Mineralen Kalzit bzw. Kalkspat ($CaCO_3$), Dolomit [$CaMg(CO_3)_2$] oder beiden Mineralen in unterschiedlichen Anteilen zusammengesetzt. Am bekanntesten ist der Kalkstein.

Karstverwitterung – Lösungsverwitterung von Kalksteinen

Konglomerat – verfestigter Schotter mit deutlich abgerundeten Komponenten

Laacher Vulkan – der Laacher Vulkan brach vor 13.066 Jahren aus, die Magmakammer entleerte sich, stürzte ein und füllte sich später mit Wasser. Dieses mit Wasser gefüllte Loch ist heute der Laacher See.

Lapilli – Korngrößenbezeichnung für 2–64 mm große vulkanische Auswürflinge

Lava – Magma, das bei einem Vulkanausbruch an der Erdoberfläche austritt

Lavabombe – grundsätzlich jeder Lavabrocken mit mehr als 64 mm Durchmesser. Aus dem Schlot werden während der Eruption dicke Lavafetzen herausgeschleudert, die im Flug durch die Luft aerodynamisch tropfenförmig geformt werden, die äußere Schicht kühlt im Flug ab und erhärtet. Fällt diese Bombe nun auf einen weichen Boden, bspw. weiche Vulkanasche und zerspratzt beim Aufprall nicht, so bleibt dieser Lavafetzten als rundliche Lavabombe erhalten.

Lay – eine Felslandschaft, ein Steinbruch, die in die Landschaft nach unten geht, bspw. Ettringer Lay

Ley – im rheinischen Sprachgebrauch ein Felsen, der aus der Landschaft emporragt, bspw. Loreley

Maar – Produkt einer Vulkaneruption, bei der aufsteigendes Magma auf Grundwasser stößt und, welches explosionsartig verdampft und die Eruption auslöst.

Magmenkammer – eine »Blase« voll Magma relativ nah unter der Erdoberfläche, dieses Magma wird beim Vulkanausbruch an die Erdoberfläche gefördert.

Paläolithikum – Altsteinzeit, begann vor 2,5 Millionen Jahren und dauerte bis 10.000 v. Chr.

Pleistozän – Zeit des quartären Eiszeitalters, zwischen etwa 1,6 und 2,4 Mio. Jahre bis 10.000 Jahre vor heute, geprägt durch abwechselnde Kalt- und Warmzeiten.

Pyroklastische Ströme – Glutwolken voll mit vulkanischer Asche, die beim Vulkanausbruch nicht in die Höhe schießen, sondern sich an der Erdoberfläche entlang bewegen.

Quarzit – fein- bis mittelkörniges metamorphes Gestein, definiert mit Quarzgehalten ab 98 Prozent mit großer Verwitterungsbeständigkeit. Die Bezeichnung Quarzit wird in vielen Fällen nicht ganz zutreffend auf Sandsteine angewendet, die infolge einer Zementation durch Kieselsäure (Verkieselung) ähnlich hart sind wie echter Quarzit.

Radiolarit – Radiolarit ist ein biogenes marines Sedimentgestein, das hauptsächlich aus mikrokristallinem Quarz besteht. Dunkle Radiolarite des Paläozoikums werden auch als Lydite oder Kieselschiefer bezeichnet, auch wenn sie oft nicht schiefrig ausgebildet sind.

Schichtung – unterschiedliche Schichten entstehen durch Material- und Korngrößenunterschiede

Schieferung – eine lagige Textur des Gesteins, die durch tektonische Vorgänge (Einfluss von Druck und Temperatur) hervorgerufen wird. Die Lagen der Schieferung sind kein Produkt der Ablagerung wie die Schichtung der Sedimente, sondern einer Scherbewegung weicherer Gesteine. Schieferung muss nicht der Schichtung entsprechen, Schieferungsklüfte können nicht parallel zu den Sedimentflächen sein.

Schweißschlacken – veralteter Ausdruck für –> Agglutinate

Solifluktion – Bodenfließen, hangabwärts gerichtete Bewegung von Bodenmassen vor allem im periglazialen Bereich

Störung – eine Trennfuge im Gebirge, an der die beiden Erdschollen sich gegeneinander bewegt haben, kann im cm und im km-Bereich liegen

Stromatoporen – heute ausgestorbene fossile Organismen, die im Devon riesige Riffkomplexe bildeten und von den Paläontologen als fossile Schwämme betrachtet werden

Tephra – vulkanisches Lockermaterial. Alle Partikel, egal welcher Größe, die ein Vulkan ausgespuckt hat.

Tuff – ist zu Stein verfestigte Asche. Asche ist nichts verbranntes, sondern es sind Partikel mit bis zu 2 mm Größe. Überwiegend sind das mikroskopisch kleine Splitter –> vulkanischen Glases, die bei der Eruption durch Zerfetzen des Magmas entstehen. Aschepartikel sind also überwiegend kleine Bruchstücke von -> Bims.

Trass – im Rheinland volkstümliche Bezeichnung für vulkanische Aschestromablagerungen des Laacher-See-Vulkans, seit der Römerzeit als Zementzuschlag benutzt

Vulkanisches Glas – erkaltet Lava schockartig, können sich keine Kristallstrukturen bilden, man bezeichnet dieses Material als amorph, ein Glas.

Vulkanit – ein Gestein das aus Lava entstanden ist.

LITERATUR

Geologischer Dienst NRW (2010): Geologie im Rheinischen Schiefergebirge, Teil 1: Nordeifel – Krefeld

Geologisches Landesamt für Geologie und Bergbau (2005): Geologie von Rheinland-Pfalz - Stuttgart

Meyer, W. (2013): Geologie der Eifel – Stuttgart, 4.Auflage

Loga, S. v. & Koziol, M. (2016): 12 Wanderungen auf den Spuren des Vulkanismus in der Westeifel – Jünkerath

Loga, S. & Lehnen, C. (2020): Vulkane, Erz und dunkle Höhlen – Geo-Exkursionen für Familien in der Vulkaneifel – Daun

Loga, S.v. & Lehnen, C. (2021): Römer, Moor und Eiszeithöhlen – Geo-Exkursionen für Familien in der Nordeifel

Pfanz, H. (2008): Mofetten – Kalter Atem schlafender Vulkane – Mendig

Schmincke, H.-U. (2009): Vulkane der Eifel - Heidelberg

Schumacher, K.-H. & Müller, W. (2011): Steinreiche Eifel, Band 1 – Herkunft, Gewinnung und Verwendung der Eifelgesteine – Neuwied.

Schumacher, K.-H. & Müller, W. (2013): Steinreiche Eifel, Band 2

Schumacher, K.-H. & Müller, W. (2021): Steinreiche Eifel, Band 3

DER AUTOR

Sven von Loga hat in Köln Geologie studiert und ist seither auf den Spuren der Erdgeschichte und der Natur im Rheinland und den atlantischen Vulkaninseln unterwegs. Er arbeitet als Exkursionsführer, Reiseleiter, Autor und Fotograf, ist zudem zertifizierter Natur- und Landschaftsführer, leitet geologische Exkursionen im Rheinland, aber auch auf der vulkanischen Inselgruppe der Kanaren. Aus seinen fundierten Kenntnissen entstehen Bücher, Zeitungsbeiträge, Vorträge und der Blog:

expedition-rheinland.de

Eine seiner Lieblingsregionen ist die Eifel, eine Region, die nicht nur geologisch, sondern auch landschaftlich und kulturell außerordentlich vielseitig ist – und so zieht es ihn seit dem Studium immer wieder zu ausgedehnten Exkursionen und Fototouren dorthin. So gab es für ihn auch nur einen Ort, um seine einstige Freundin Christiane zu heiraten: 30 Meter unter der Erde in einem ausgehöhlten Basaltlavastrom – in den Mendiger Lavakellern.

Am besten gehen Sie mit dem Autor auf Eifel-Exkursion, die Termine finden Sie auf seiner Homepage:

www.uncites.de